建筑施工特种作业人员安全技术培训教材

塔式起重机司机

《建筑施工特种作业人员安全技术培训教材》编委会　编

U0787620

中国环境出版集团·北京

图书在版编目（CIP）数据

塔式起重机司机/《建筑施工特种作业人员安全技术培训教材》编委会编.
—北京：中国环境出版集团，2021.12
建筑施工特种作业人员安全技术培训教材
ISBN 978-7-5111-4810-0

Ⅰ.①塔…　Ⅱ.①建…　Ⅲ.①塔式起重机—安全培训—教材
Ⅳ.①TH213.308

中国版本图书馆 CIP 数据核字（2021）第 155577 号

出 版 人　武德凯
责任编辑　易　萌
责任校对　任　丽
封面设计　彭　杉

出版发行　中国环境出版集团
（100062　北京市东城区广渠门内大街 16 号）
网　　址：http：//www.cesp.com.cn
电子邮箱：bjgl@cesp.com.cn
联系电话：010-67112765（编辑管理部）
010-67112739（第三分社）
发行热线：010-67125803，010-67113405（传真）
印　　刷　北京中科印刷有限公司
经　　销　各地新华书店
版　　次　2021 年 12 月第 1 版
印　　次　2021 年 12 月第 1 次印刷
开　　本　850×1168　1/32
印　　张　7.375
字　　数　190 千字
定　　价　26.00 元

《建筑施工特种作业人员安全技术培训教材》
编　委　会

（排名不分先后）

前　言

为了加强对建筑施工特种作业人员的管理，防止和减少生产安全事故的发生，提高建筑施工特种作业人员的安全操作技能和自我保护能力，加强建筑施工特种作业人员的安全技术考核培训工作，按照《中华人民共和国安全生产法》《建设工程安全生产管理条例》《安全生产许可证条例》《建筑起重机械安全监督管理规定》《危险性较大的分部分项工程安全管理规定》及其他相关法规的规定，依据《建筑施工特种作业人员管理规定》（建质〔2008〕75 号）文件对建筑施工特种作业人员在考核、发证、从业和监督管理工作中的明确要求，我们组织多位专家编写了《建筑施工特种作业人员安全技术培训教材》。

本套教材针对建筑施工特种作业人员的岗位特点，依据《建筑施工特种作业人员培训教材编写大纲》的要求编写。内容深入浅出，通俗易懂，图文并茂，可操作性强，适用于塔式起重机司机、塔式起重机安装拆卸工、建筑起重信号司索工、施工升降机司机、施工升降机安装拆卸工、物料提升机司机、物料提升机安装拆卸工、建筑电工、建筑架子工、高处作业吊篮安装拆卸工的安全技术考核培训，并专门编写了《特种作业安全生产基本知识》作为通用教材，配套使用。

本书为《建筑施工特种作业人员安全技术培训教材》中的一本。全书共12章，内容包括力学基础知识，电工基础知识，机械基础知识，液压传动知识，塔式起重机的分类及基本技术参数，塔式起重机的基本结构及安全技术要求，塔式起重机安全装置的基本结构与使用，塔式起重机安全操作技术规程，塔式起重机常见故障及应急处理，塔式起重机的基本维护保养，塔式起重机的主要零件及易损件报废标准，塔式起重机事故案例分析。本书与《特种作业安全生产基本知识》配套使用。

本书既可作为建筑施工特种作业人员安全技术考核培训用书，也可作为建设单位、施工单位和建筑类大中专院校的教学及辅导用书。

本书在编写过程中参考了大量的相关标准规范和文献资料，在此向给予我们极大帮助的专家学者表示最衷心的感谢！

限于编写时间仓促，书中不足之处在所难免，敬请同仁和读者批评指正。

目　　录

专业基础篇

专业技术篇

专业基础篇

第一章　力学基础知识

第一节　力的概念

一、力的概念

力是物体间相互的机械作用，这种作用一是使物体的机械运动状态发生变化，称为力的外效应；二是使物体产生变形，称为力的内效应。物体间相互的机械作用有两种，一种是直接接触作用，另一种是间接作用，即所谓的“场力”作用，如地球表面上的物体间的作用，电磁铁的动、静铁芯间的磁力作用等。

二、力的单位

在国际单位制中，力的单位为牛[顿]，符号为“N”，我国法定单位采用国际单位制单位。

三、力的三要素

力的大小、方向和作用点称为力的三要素。改变三要素中的任何一个，力对物体的作用效果也会随之改变。

四、静力学的基本定律

静力学定律可归纳为以下五条最基本的规律：

（一）两力平衡定律

物体在两个力的作用下保持平衡的条件是这两个力的大小相等，方向相反，且作用在同一条直线上。

（二）加减平衡力系定律

在任意一个已知力系上加上或者减去任意平衡力系，不会改变原力系对刚体的作用效应。

（三）力的平行四边形法则

作用在物体上某一点的两个力，可以合成一个合力，其合力的大小与方向由这两个已知力为邻边所构成的平行四边形的对角线来表示，这个法则称为平行四边形法则。

（四）力的作用与反作用定律

两个物体的作用力与反作用力大小相等、方向相反，且沿用一条作用线，分别作用在两个物体上。

（五）力的刚化定律

变形体在某一力系作用下处于平衡，如将此变形体刚化为刚体，则其平衡状态不变。

第二节　力的合成与分解

一、力的合成

当一个物体同时受到几个力的作用时，如果找到这样的一个力，其产生的效果与原来几个力共同作用的效果相同，则这个力叫作原来那几个力的合力。求几个已知力的合力的方法叫作力的合成。

（一）作用在同一直线上力的合成

作用在同一直线上各力的合力，其大小等于各力的代数和，其方向与计算结果的符号方向一致。

（二）两个共点力的合成

作用于同一点并相互成角度的力称为共点力，求两个互成角度的共点力的合力，可用表示这两个力的有向线段为邻边作平行四边形，其对角线就表示合力的大小和方向，如图 1-1（c）所示。

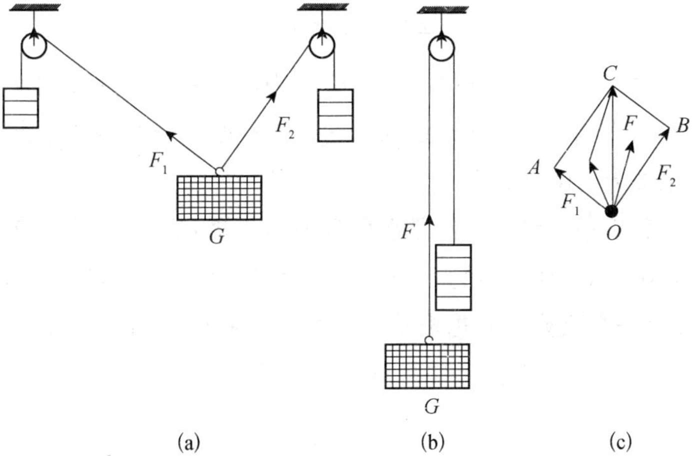

图 1-1　力的合成

二、力的分解

一个已知力（合力）作用在物体上产生的效果可以用两个或两个以上同时作用的力（分力）来代替。由合力求分力的方法叫作力的分解，如图 1-2 所示。

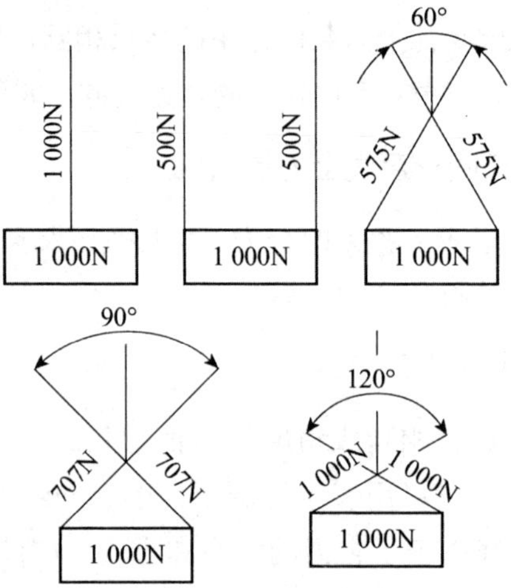

图 1-2　力的分解

力的分解是力的合成的逆运算，同样可适用平行四边形法则。把已知力作为平行四边形的对角线，平行四边形的两个邻边就是这个已知力的两个分力。

在分析吊索受力时经常会用到力的分解方法。下面以使用两根吊索吊重 G=1kN，吊索与吊垂线夹角为 0°、30°、45°、60°时为例，采用三角函数法对每根吊索的受力情况进行分析。吊索承受力可用下列公式计算：

$$F=\frac{G}{n\cos\alpha} \qquad (1\text{-}1)$$

式中，α——吊索与吊垂线间夹角；

G——吊物的重力；

n——吊索的根数。

如果以 $K=1/\cos\alpha$ 代入上式，则 $F=KG/n$。

K 为随吊索与吊垂线夹角 α 变化的系数，见表 1-1 和表 1-2。

表 1-1　随角度变化的 K 值

α	0°	15°	20°	25°	30°	35°	40°	45°	50°	55°	60°
K	1	1.035	1.06	1.1	1.15	1.22	1.31	1.414	1.56	1.76	2

表 1-2　吊索受力计算

α	0°	30°	45°	60°
K	1	1.15	1.414	2
G/n	0.5	0.5	0.5	0.5
$F=KG/n$	0.5	0.575	0.707	1

三、力的平衡条件

在两个或两个以上力系的作用下，物体保持静止或做匀速直线运动，这种情况叫作力的平衡。几个力达到平衡的条件是它们的合力等于 0。

第三节　力矩

一、力矩的概念

力的作用可以改变物体的运动状态，或者使物体发生变形，力还可以使物体发生转动。力使物体转动的效果不仅跟力的大小有关，还跟转动轴心到力的作用线的距离（即力臂）有关。物体转动的效应与力的大小、力臂长短成正比。

力与力臂的乘积称为力矩，若力为 F，力臂为 L，则力矩 $M=FL$，力矩的法定单位为牛顿·米，符号为 N·m，中文符号为牛·米，如图 1-3 所示。

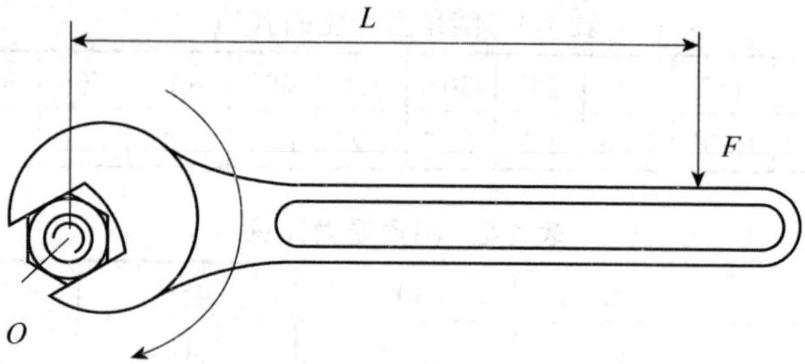

图 1-3　力矩示意图

二、力矩的平衡

我们在日常生活中会接触到许多力矩平衡的问题，如杆秤、货物的支架、塔吊等。因此灵活应用平衡条件便成为解决这类实际问题的关键。关于力矩平衡的例子有很多，如起重吊运中经常使用平衡梁，它和我们看到的杆秤是一样的道理，其计算如图 1-4 所示。

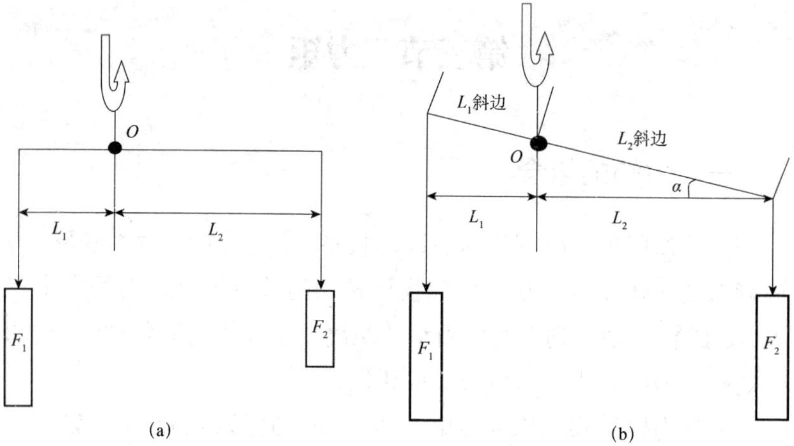

图 1-4　力矩平衡的计算

（一）力矩的平衡

F_1绕 O 点的力矩大小为 $M_o=F_1\times L_1$，逆时针转动；F_2绕 O 点的力矩大小为 $M_o=-F_2\times L_2$，顺时针转动；当两个力矩相等时，平衡梁处于平衡状态，如图 1-4 所示。

平衡梁平衡的条件是对 O 点的力矩之和等于零。即 $M_o(F_1)+M_o(F_2)=0$，$F_1\times L_1+(-F_2\times L_2)=0$，$F_1\times L_1=F_2\times L_2$。

从式中就可求出所需力和力臂，如求 F_1，则 $F_1=\dfrac{F_2L_2}{L_1}$。

（二）力矩的不平衡

F_1绕 O 点的力矩大小为 $M_o=F_1\times L_1$，逆时针转动；F_2绕 O 点的力矩大小为 $M_o=-F_2\times L_2$，顺时针转动；当两个力矩不相等时（任意改变其中一个力或力臂的大小），平衡梁处于不平衡状态，如图 1-4 所示。

由图 1-4 可以看出，$F_2\times L_2>F_1\times L_1$ ($F_2\times L_2\cos\alpha>F_1\times L_1\cos\alpha$)。平衡梁必向顺时针倾斜。

当力矩不相等时，平衡梁就会发生倾斜。同理，塔机的超载极有可能引起倾翻倒塌事故。

第四节　物体重量的计算方法

在起吊搬运各种设备或重物时，首先应该知道被吊、搬运设备或重物的重量，根据设备或重物的重量和外形等情况选择合适的起重机具，确定合理的施工方案。这就要求特种作业人员掌握有关物体面积、体积、密度、质量、重量及单位等基本概念和简单的计算方法。

一、面积的计算

表 1-3　常用规则几何形状面积的计算公式

名称	几何图形	计算公式
正方形	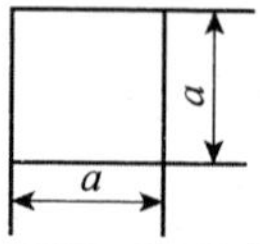	$S=a^2$
长方形	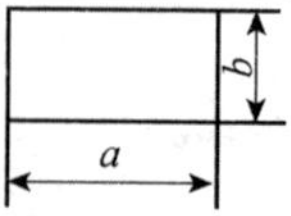	$S=ab$
圆形	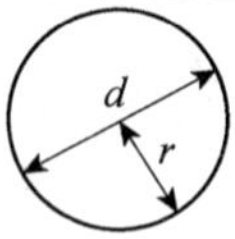	$S=\pi r^2=\pi d^2/4$
圆环形	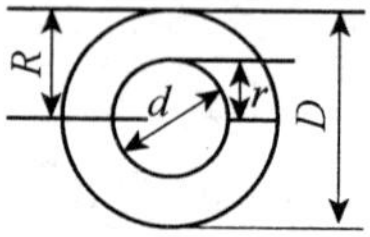	$S=\pi\ (R^2-r^2)=$ $\pi(D^2-d^2)/4$

在实际工作中，遇到的设备或物体不一定是表 1-3 所介绍的规则几何形状，此时，我们可以把它们分割成几种规则或近似规则的图形，分别计算出结果，然后相加，就得到总面积。

二、物体体积的计算

要计算物体的质量，就需要知道物体的体积。常用规则几何形状体积计算公式见表 1-4。

表 1-4　常用规则几何形状体积计算公式

名称	几何图形	计算公式
正方体	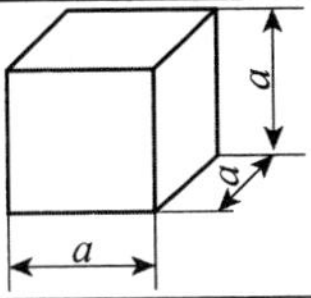	$V=a^3$
长方体	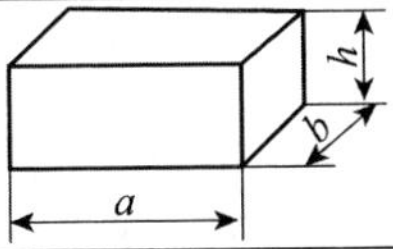	$V=abh$
圆柱体	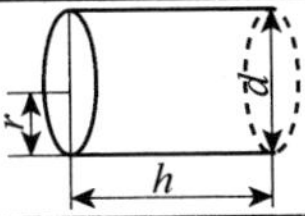	$V=\pi d^2h/4$
空心圆柱体	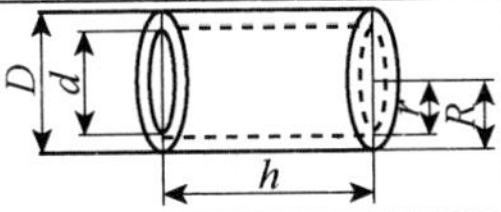	$V=\pi(D^2-d^2)h/4$

遇到组合形体时，可以分块计算再求和。

三、密度

计算物体质量时，必须知道物体材料的密度。密度就是指某种物质单位体积内所具有的质量，密度的单位是由质量单位和体积单位组成，在国际单位中，密度的单位是千克/米 ^{3}，符号为 kg/m^3，读作千克每立方米，常用单位有克/厘米 ^{3}，符号为 g/cm^3。

四、物体质量的计算

物体的质量等于构成该物体的材料密度与体积的乘积，其表达式为：

$$m=\rho V \tag{1-2}$$

式中，m——物体的质量，kg；

ρ——物体的材料密度，kg/m^3；

V——物体的体积，m^3。

计算时应注意各参数单位相互对应。

五、物体重量的计算

物体的重量就是物体所受重力的大小，物体所受的重力是由于地球的吸引而产生的力，重力的方向总是竖直向下，物体所受重力大小 G 和物体的质量 m 成正比，重力的单位为牛顿（牛），符号为 N，1kgf=9.8N。其表达式为：

$$G=mg \tag{1-3}$$

式中，g——9.8N/kg。

第二章　电工基础知识

第一节　电工学原理

一、电流

电荷的定向移动形成电流。电路中电流常用“I”表示。电流分直流电和交流电两种。电流的大小和方向不随时间变化的叫作直流电。电流的大小和方向随时间变化的叫作交流电。电流的单位是安[培]（A），也常用毫安（mA）或者微安（μA）做单位，1A=1 000mA，1mA=1 000μA。

电流可以用电流表测量。测量的时候，把电流表串联在电路中，要选择电流表指针接近满偏转的量程，这样可以防止电流过大而损坏电流表。

二、电压

河水之所以能够流动，是因为有水位差；电荷之所以能够流动，是因为有电位差。电位差也就是电压，电压是形成电流的原因。在电路中，电压常用“U”表示。电压的单位是伏[特]（V），也常用毫伏（mV）或者微伏（μV）做单位，1V=1 000mV，1mV=1 000μV。

电压可以用电压表测量。测量的时候，把电压表并联在电路上，要选择电压表指针接近满偏转的量程。如果电路上的电压大小估计不出来，要先用大的量程，粗略测量后再用合适的量程。这样可以防止由于电压过大而损坏电压表。

三、电阻

在电路中对电流通过有阻碍作用并且造成能量消耗的部分叫作电阻。电阻常用“*R*”表示。电阻的单位是欧[姆]（Ω），也常用千欧（kΩ）或者兆欧（MΩ）做单位，1kΩ=1 000Ω，1MΩ=1 000 000Ω。导体的电阻由导体的材料、横截面积和长度决定。

电阻可以用万用表欧姆档测量。测量的时候，要选择电表指针接近偏转一半的欧姆档。如果电阻在电路中，要把电阻的一头引脚断开后再进行测量。

四、欧姆定律

导体中的电流（I）和导体两端的电压（U）成正比，和导体的电阻（R）成反比，即 $I=U/R$。这个规律叫作欧姆定律。如果已知电压、电流、电阻三个量中的两个量，就可以根据欧姆定律求出第三个量，即 $I=U/R$，$R=U/I$，$U=I\times R$。

在交流电路中，欧姆定律同样成立，但电阻（R）应该改成阻抗（Z），即 $I=U/Z$。

五、电源

把其他形式的能转换成电能的装置叫作电源。发电机能把机械能转换成电能，干电池能把化学能转换成电能。发电机、干电池等叫作电源。通过变压器和整流器，把交流电变成直流电的装置叫作整流电源。能提供信号的电子设备叫作信号源。晶体三极管能把前面送来的信号加以放大，又把放大了的信号传送到后面的电路中去。晶体三极管对后面的电路来说，也可以看作信号源。整流电源、信号源有时也叫作电源。

六、负载

把电能转换成其他形式的能的装置叫作负载。电动机能把电能转换成机械能，电阻能把电能转换成热能，电灯泡能把电能转换成热能和光能，扬声器能把电能转换成声能。电动机、电阻、电灯泡、扬声器等都叫作负载。晶体三极管对于前面的信号源来说，也可以看作负载。

七、电路

电流流过的线路叫作电路。最简单的电路由电源、负载、导线、开关等元件组成，常用电路元件及符号，见表 2-1，简单的电路原理如图 2-1、图 2-2 所示。电路处处连通叫作通路。只有通路，电路中才有电流通过。电路某一处断开叫作断路或者开路。电路某一部分的两端直接接通，使这部分的电压变成零，电流增大数十倍，叫作短路。

表 2-1　常用的电路元件名称及符号

名称	符号	名称	符号
电阻		电压表	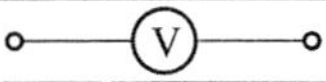
电池	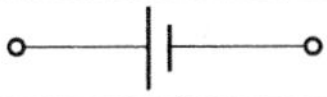	接地	 或 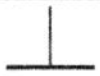
电灯	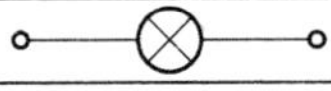	熔断器	
开关		电容	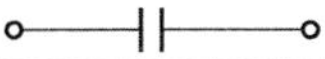
电流表		电感	

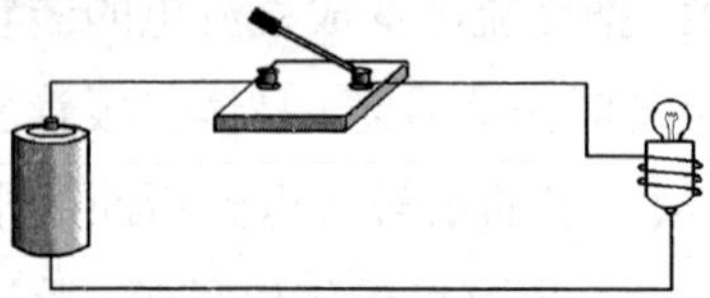

图 2-1　简单的直流电路

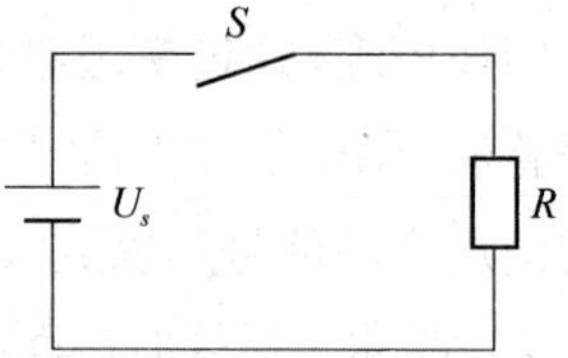

图 2-2　手电筒的电路原理

由三相交流电构成的电路就是三相交流电路。三相交流电路根据设计要求有星形接法或三角形接法两种，如图 2-3 所示。星形接法是将三个单相电源的一端连接在一起，合并为一根线，这根线就称为中性线或中线。星形接法的三相电源向负载提供两种电压，即相电压和线电压。相电压是指每一相线与中性线之间的电压，线电压是指每两相线路之间的电压。使用三角形接法时会有两种电流，每相电源上的是相电流，线路上的是线电流。

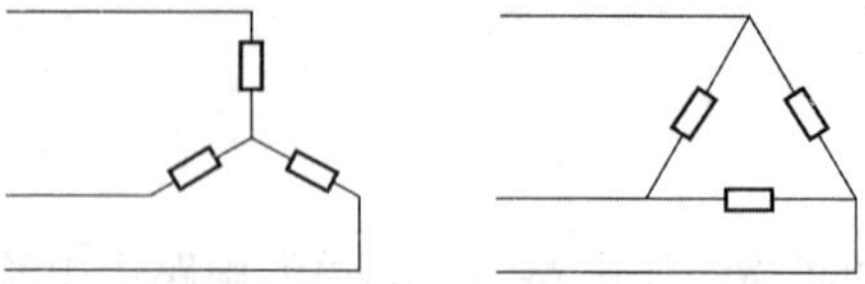

(a) 星形接法　　(b) 三角形接法

图 2-3　三相交流电路的连接

三相负载也可根据设计要求接成星形或三角形，如图 2-4 所示。星形接法有线电压与相电压之分，三角形接法也有线电流与相电流之分。

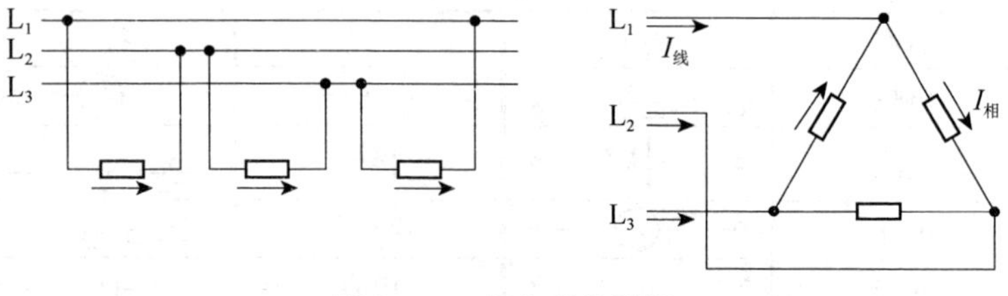

图 2-4　三相负载的连接

我国生活和办公用电都采用 220V 单相电压，生产动力用电一般为 380V 三相线电压。

八、电功率和电能

（一）电功率

电气设备消耗电能，将电能转换为机械能、热能等其他能量。电功率（简称功率）表示电气设备做功的能力，即单位时间所做的功。

在直流电路或纯电阻单相交流电路中，用符号 P 表示电功率，可以表示为：

$$P=UI=I^2R=\frac{U^2}{R} \tag{2-1}$$

式中，P——电功率；

U——电压；

I——电流；

R——电阻。

在三相交流电路中电功率可以表示为：

$$\begin{aligned}P_{总}&=3P_{相}=3U_{相}\cdot I_{相}\cdot\cos\varphi_{相}=3U_{相}\cdot\frac{I_{线}}{\sqrt{3}}\cdot\cos\varphi_{相}\\&=3U_{线}\cdot\frac{I_{线}}{\sqrt{3}}\cdot\cos\varphi_{相}=\sqrt{3}U_{线}\cdot I_{线}\cdot\cos\varphi_{相}\end{aligned} \tag{2-2}$$

功率的国际单位为瓦[特]（W），常用的单位还有毫瓦（mW）、千瓦（kW），1 W=1 000 mW，1 kW=1 000 W。

一个电路最终的目的是电源将一定的电功率传送给负载，负载将电能转换成工作所需要的一定形式的能量，即电路中存在发出功率的器件（供能元件）和吸收功率的器件（耗能元件）。

通常把耗能元件吸收的功率写成正数，把供能元件发出的功率写成负数，而储能元件（如理想电容、电感元件）既不吸收功率也不发出功率，其电功率 $P=0$。

通常所说的电功率 P 又叫作有功功率或平均功率。

（二）电能

电能是指在一定的时间内电路元件或设备吸收或发出的电能量，用符号 W 表示，其国际单位为焦耳（J），电能的计算公式为：

$$W=P\cdot t=UIt \tag{2-3}$$

式中，W——电能；

P——有功功率；

t——持续时间；

U——电压；

I——电流。

电能用千瓦·时（kW·h）来表示大小，俗称度（电）。

$$1\text{ 度（电）}=1\ \text{kW}\cdot\text{h}=3.6\times10^{6}\text{J}$$

即功率为 1 000 W 的供能或耗能元件，在 1h 的时间内所发出或消耗的电能量为 1 度。

（三）电气设备的额定值

为了保证电气设备和电路元件能够长期安全地正常工作，国家规定了额定电压、额定电流、额定功率等铭牌数据。

（1）额定电压：电气设备或电路元件在正常工作条件下允许施加的最大电压。

（2）额定电流：电气设备或电路元件在正常工作条件下允许通过的最大电流。

（3）额定功率：在额定电压和额定电流下消耗的功率，即允许消耗的最大功率。

（4）额定工作状态：电气设备或电路元件在额定功率下的工作状态，也称满载状态。

（5）轻载状态：电气设备或电路元件在低于额定功率时的工作状态，轻载时电气设备不能得到充分利用或根本无法正常工作。

（6）过载（超载）状态：电气设备或电路元件在高于额定功率时的工作状态，过载时电气设备很容易被烧坏或造成严重事故。

轻载和过载都是不正常的工作状态，一般不允许出现。

第二节　异步电动机

将电能转化为机械能的旋转机械，称为电动机。电动机的种类很多，按取用电能的种类可以分为直流电动机和交流电动机，直流电动机具有调速方便、启动转矩大等优点，然而，由于它的构造复杂，直流电动机的应用受到了限制。交流电动机根据构造和工作原理的不同，分为同步电动机和异步电动机。同步电动机构造复杂、成本高、使用和维护困难，一般只在功率较大和要求转速恒定时采用。异步电动机有鼠笼式异步电动机和绕线式异步电动机两种。此外，异步电动机还根据电源相数不同，分为三相电动机和单相电动机。

异步电动机具有构造简单、价格便宜、工作可靠、使用和维护方便等优点，因此在现代生产中是应用最广泛的一种电动机。

一、异步电动机的结构

异步电动机的结构可分为定子和转子两大部分。按各部件的作用，也可大致分为“机”“电”“磁”三类部件。

（1）“机”的部件：起到支撑、紧固、防护、冷却等作用，如机座、端盖、轴及轴承、风扇等。

（2）“电”的部件：是用来导电、产生电磁感应的部分，如绕组（线圈）、接线盒、电刷、滑环等。

（3）“磁”的部件：是用来导磁的硅钢片铁芯，可分为定子铁芯及转子铁芯两个部分。

鼠笼式异步电动机和绕线式异步电动机的定子部分是相同的，而转子的结构则明显不同。

定子是指异步电动机的静止部分，主要包括定子铁芯、定子绕组、机壳等部件。

定子铁芯是电机磁路的一部分，由硅钢片叠压而成，片间涂以绝缘漆，以减少涡损耗。叠片的内圆冲有定子槽，用来放置定子绕组。

定子绕组是电机的定子电路部分，三相绕组在定子内圆圆周上依次相隔 120°的角度对称排列，构成三相对称相电路（空间角度=120°/P，P 为电机磁极对数）。根据电源电压情况，三相绕组可采用星形接法或三角形接法。每相绕组由许多线圈按一定规律连接而成，每个绕组的两个有效边分别放置在两个槽内。槽内有槽绝缘，双层绕组还有层间绝缘，槽口处用槽楔将导线压紧在槽内。

机座和端盖是电机的机械支撑部件，其作用是固定定子铁芯，并通过端盖轴承支撑转子，机座也是通风散热部件。为加强冷却效果，机壳外表面设有散热筋片，两侧端盖开通风孔。

转子是指电动机的旋转部分，它是由转子铁芯和转子绕组构成的。转子铁芯固定在转子轴上，也是电机磁路的一部分。铁芯除有径向通风沟外，还有轴向通风孔。转子槽一般不与轴平行，而是扭斜一个角度，以便改善启动性能。转子绕组是指转子槽内的鼠笼条和两端的短路环，用铜或铝制成。转子绕组构成了转子的电路部分，如图 2-5 所示，其作用是产生感应电流和电磁转矩，以驱动转轴旋转。

绕线式异步电动机的转子包括转子铁芯和转子绕组。转子铁芯与鼠笼式异步电动机相似，但一般为直槽。转子绕组是用绝缘导线制成的线圈，嵌入转子铁芯槽中。转子绕组是和定子绕组相似的三相绕组，一般采用星形接法，三个引出线由轴的中心孔引至轴上的三个滑环。转子三相绕组可通过滑环、电刷与变阻器连接，用来改善电动机的启动性能或调节转速，如图 2-6 所示。

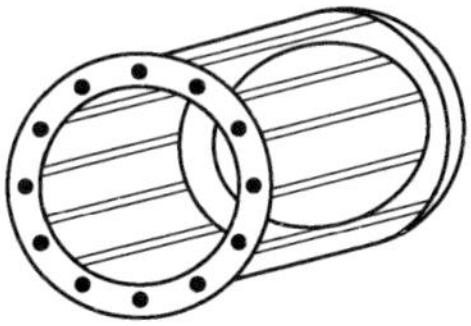

图 2-5　鼠笼式异步电动机转子绕组

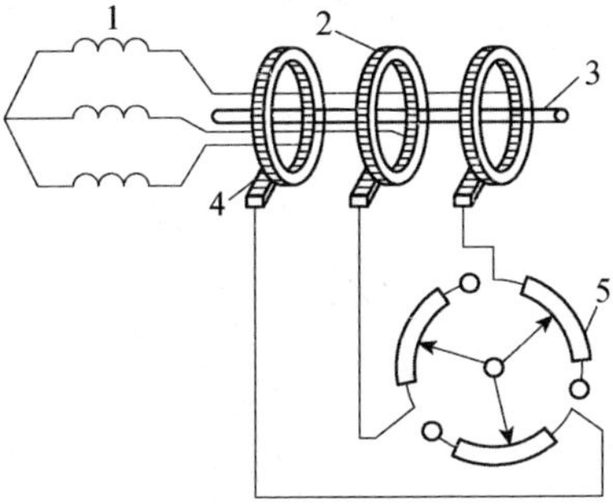

1—绕组；2—滑环；3—轴；4—电刷；5—变阻器。

图 2-6　绕线式异步电动机转子电路

二、异步电动机的转动原理

异步电动机定子绕组通入三相交流电流时，三相合成磁势在电机铁芯内产生旋转磁场。如果磁场旋转的方向是顺时针，如图 2-7 所示，则静止的转子导体与磁场有相对运动，相当于磁场不动而转子向逆时针方向运动。定子磁场 N 极下的转子导体相当于向左做切割磁力线运动，产生感应电动势的方向用右手定则来判断为纸面向外，用符号“⊙”表示。定子磁场 S 极下的转子导体相当于向右做切割磁力线运动，产生感应电动势的方向为垂直纸面向内，以符号“⊗”表示。所有鼠笼导体短路，线绕式转子导体也是闭合的，因此转子各导体内必有感应电流流过。鼠笼导体成为通电导体，在磁场中将受到电磁力 F 的作用，其方向用左手定则来判断。定子磁场 N 极下的转子导体受力方向为顺时针方向，定子磁场 S 极下的转子导体受力方向为顺时针方向，所以转子将由顺时针方向的电磁力矩产生，使转子按顺时针方向旋转起来。如改变通入定子绕组电流的顺序，必然会改变旋转磁场的转向，则转子的旋转方向也将随之而改变。利用这一原理，可以解决实际工作中的一些具体问题。

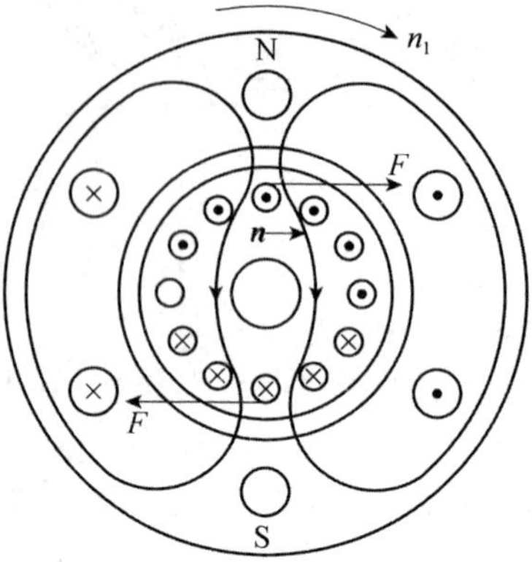

图 2-7　异步电动机

异步电动机转子的速度 n 总是要低于旋转磁场转速 n_1，将两者之间的差值，即 $\Delta n=(n_1-n)$ 称为电机转差。转差也就是转子同旋转磁场之间，或者说是转子导体切割磁力线的转速。转差 (n_1-n) 与旋转磁场的同步转速 n_1 的比值称为异步电动机转差率，以 S 表示。

$$S=\frac{n_1-n}{n_1} \tag{2-4}$$

转差率 S 是分析异步电动机运转特性的一个重要数据。它表示转子的转速与旋转磁场转速的差异程度。当电机处于启动状态时，由于转子的转速 $n=0$，所以此时转差率 $S=1$；当转子转速等于同步转速时（实际是不可能达到的极限状态），则因为 $n=n_1$，所以 $S=0$，因此转差率 S 的变化范围为 0～1。当电动机在额定负载下转动时，转差率一般为 0.02～0.06。

根据公式可以得到电动机的转速计算公式：

$$n=(1-S)n_1=\frac{60f}{p}(1-S) \qquad (2\text{-}5)$$

式中，f——交流电的频率；

P——电动机的磁极对数；

S——转差率。

三、异步电动机的铭牌及技术参数

异步电动机的铭牌是指机座外壳上钉的一块铭牌，上面注明了这台电动机的一些必要的技术数据，我们必须按照铭牌上规定的数据来使用电动机。建筑工地流动性大，工作环境差，要特别注意保护好铭牌，防止损坏与丢失，给使用造成困难。

下面是三相异步电动机的铭牌示例：

××××		电机厂编号××××
	三相异步电动机	
型号　Y160M—4	额定功率　15kW	额定频率　50Hz
额定电压　380V	额定电流　30.3A	接法　△
额定转速　1 460r/min	温升　75℃	绝缘等级　E
护防等级　IP144	重量　150kg	工作方式　S_1
功率因数　0.88		
		出厂日期：××××年×月

下面介绍三相异步电动机铭牌上面的额定值和技术参数。

（一）额定电压（U_N）

额定电压表示电动机定子绕组规定使用的线电压，单位为 V

或 kV。如铭牌上有两个电压值，则表示定子绕组在两种不同接法时的线电压。按国家相关标准的规定，电动机额定电压等级分为 220V、380V、3 000V、6 000V 等。

（二）额定电流（I_N）

额定电流表示电动机在额定电压及额定功率运行时，电源输入电动机的定子绕组中的线电流，单位为 A。如果铭牌上标有两个电流值，则说明为定子绕组在两种不同接法时的线电流。

（三）额定功率（P_N）

额定功率表示电动机在额定状态下运行时，转轴上输出的机械功率，单位为 W 或 kW。电动机的额定功率 P_N 应小于额定状态下输入的电功率，这是电动机有功率损耗所致。

（四）额定转速（n_N）

电动机在额定电压、额定频率和额定功率下工作时转轴的转速，叫作额定转速。拖动大小不同的负载时，转速也不同。一般空载转速略高于额定转速，过载时转速会低于额定转速，单位为 r/min。

（五）定额

定额也称为工作方式或运行方式，按运行持续时间的长短，分为连续、短时和断续三种基本工作制，是选择电动机的重要依据。

（1）连续工作制，其代号为 S_1，是指电动机在铭牌规定的额定值条件下，能够长时间连续运行，适用于水泵、鼓风机等恒定负载设备。

（2）短时工作制，其代号为 S_2，是指电动机在铭牌上规定的额定值条件下，能在限定的时间内短时运行。规定的标准持续时间额有 10min、30 min、60 min、90min 四种。

（3）断续工作制，其代号为 S_3，是指电动机在铭牌上规定的额定值条件下，只能断续周期性地运行。一个工作周期为电动机恒定负载运行时间加停歇时间，规定为 10min，负载持续率规定的标准有 15%、25%、40%、60%四种。

（六）接法

接法是指电动机在额定电压下定子三相绕组的连接方法。若铭牌中接法标为“△”，额定电压标“380V”，则表明电动机电源电压为 380V 时应接成三角形；若额定电压标“380/220V”，接法标“Y/△”，则表明电源线电压为 380V 时应接成星形（Y）；电源线电压为 220V 时应接成三角形（△）。电动机定子绕组接线如图 2-8 所示。

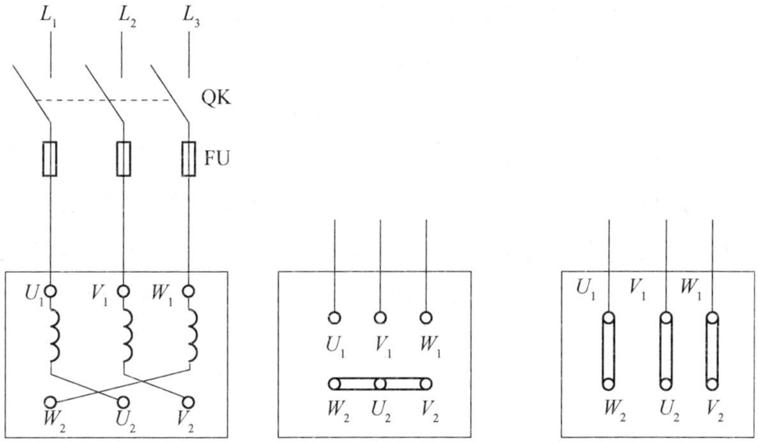

（a）三相绕组内部接线　（b）星形接法　（c）三角形接法

图 2-8　电动机定子绕组接线

在电动机机座上的接线盒内，有各相绕组首、末端的接线柱，供三相绕组内部连接使用。按国家相关标准的规定，Y 系列电动机接线盒内接线端子的标志是“*U*”表示第一相绕组；“*V*”表示第二相绕组；“*W*”表示第三相绕组；“1”表示绕组首端；“2”表示绕组末端。

（七）额定频率

额定频率是指接入电动机的交流电源的频率，单位为 Hz。我国电力系统的频率是 50Hz，所有使用的电动机的频率都是 50Hz。

（八）绝缘等级与温升

绝缘等级表示电动机所用绝缘材料的耐热等级。利用电阻法测量各级绝缘电动机的允许温升：A 级绝缘允许极限温度为 105℃，允许温升为 60℃；E 级绝缘的允许极限温度为 120℃，允许温升为 75℃；B 级绝缘的允许极限温度为 130℃，允许温升为 80℃；F 级绝缘的允许极限温度为 155℃，允许温升为 100℃；H 级绝缘的允许极限温度为 180℃，允许温升为 125℃；C 级绝缘允许极限温度为 180℃以上，允许温升为 125℃。上述温升是指绕组的工作温度与环境温度（一般指室温为 35℃，有些国产电机规定为 40℃）之差值，单位为℃。电机工作温度的极限值主要取决于绝缘材料的耐热性能，工作温度超过允许值，会使绝缘材料老化，使电动机的寿命缩短，甚至烧毁。

（九）型号

三相异步电动机的产品型号，由汉语拼音字母和数字组合而成，一般有 4 部分，它表达的意义如下：

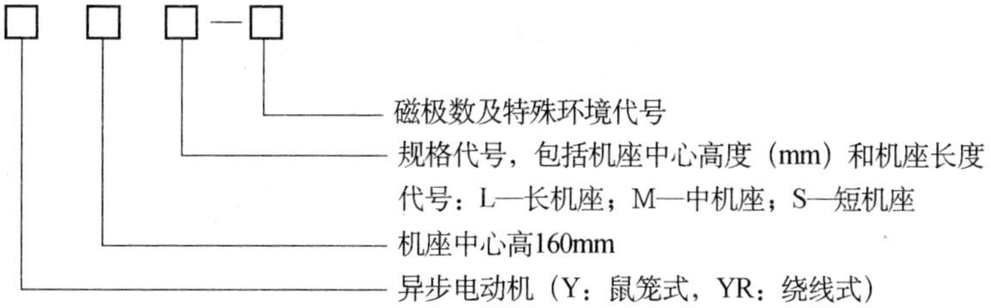

（十）启动转矩与启动能力

电动机加上额定电压启动（转速为0）时的电磁转矩称为启动转矩。

启动转矩 M_Q 与额定转矩 M_N 之比称为启动转矩倍数，即启动转矩倍数= M_Q/M_N，是异步电动机性能的重要指标。启动转矩越大，电动机加速度越大，启动过程越短，带重负载启动能力也越大，这些都说明启动性能较好。反之，若启动转矩太小，会使启动困难，甚至启动不起来，更不能重载启动，而且因启动时间较长，还会引起电动机绕组易过热。所以，国家规定电动机的启动转矩不能小于一定的范围，一般异步电动机的启动转矩倍数为1.2～2。

（十一）最大转矩与过载能力

电动机启动后，随着转速 n 的变化（或转差率 S 的改变），电磁转矩也是不断变化的，其最大值称为最大转矩或临界转矩，用 M_{max} 表示。

最大转矩是衡量电动机短时过载能力的一个重要技术指标。最大转矩越大，电动机承受机械荷载冲击的能力也越大。电动机在带负载运行中，若发生了短时过载现象，致使电动机的最大转矩小于负载时的负载转矩时，电动机便会停转，即所谓的“闷车”现象。最大转矩一般也用额定转矩的倍数来表示。最大转矩与额定转矩 M_N 的比值，称为异步电动机的过载能力，用 λ 表示，即：

$$\lambda = \frac{M_{\max}}{M_N} \tag{2-6}$$

电动机的过载能力一般为 1.8～3。

（十二）额定转矩

额定转矩 M_N 是指电动机在额定工作状态下，轴上允许输出的转矩值，电动机的额定转矩可根据电动机的额定功率和额定转速用下式求得：

$$M_N = \frac{1\,000P_N \times 60}{2\pi n_N} = 9\,550\frac{P_N}{n_N} \tag{2-7}$$

式中，M_N——电动机的额定转矩，N·m；

P_N——电动机的额定功率，kW；

n_N——电动机的额定转速，r/min。

（十三）功率因数

三相异步电动机的功率因数是衡量在异步电动机输入的视在功率中，真正消耗的有功功率所占比重的大小，其值为输入的有功功率 P_1 与视在功率 S 之比，用 $\cos\varphi$ 表示，即：

$$\cos\varphi = \frac{P_1}{S} = \frac{P_1}{\sqrt{3}U_1 I_1} \tag{2-8}$$

式中，U_1——电动机的线电压，V；

I_1——电动机的线电流，A；

φ——电压与电流之间的相位角，（°）。

电动机功率因数的高低，会直接影响电力系统功率因数的高低，进而影响电气设备的利用率。一般异步电动机在额定状态下功率因数为 0.7～0.93，容量大的电机功率因数较高；容量小，转速低的电动机功率因数较低。空载运行时功率因数很低，一般不超过 0.2。这是因为异步电动机旋转的气隙磁场主磁路中有气隙段，气隙的磁阻比较大，又因定子的三相绕组是分布绕组，漏磁场也较大。建立气隙磁场和漏磁场的磁化电流，是感性的无功电流。空载运行的异步电动机，由于转速接近于同步转速，转子电流接近于零，定子侧电流基本上是纯感性的磁化电流（励磁电流），故功率因数很低。随着负载的增加，电动机的转速降低，转差率变大，转子电流增加。产生电磁转矩的转子电流是有功性质的电流，转子电流增加时必定会引起定子电流相应的增加。所以，电动机负载增加时定子电路中因有功分量电流的增加会使功率因数提高。

（十四）效率

电动机从电源吸取的有功功率，称为电动机的输入功率，用 P_1 表示。而电动机转轴上输出的机械功率，称为输出功率，用 P_2 表示。输出功率 P_2 与输入功率 P_1 的比值，称为效率，用 η 表示，即：

$$\eta = \frac{P_2}{P_1} \tag{2-9}$$

输出功率总是小于输入功率，这是因为电动机运行时，内部总有一定的功率损耗。这些损耗包括铜损、铁损及其他损耗。按能量守恒定则，输入功率等于损耗功率与输出功率之和。

电动机在额定状态下的效率称为额定效率 η_N，它是额定的输出功率 P_{2N} 与输入功率 P_{1N} 的比值，即：

$$\eta_N = \frac{P_{2N}}{P_{1N}} \tag{2-10}$$

一般异步电动机在额定负载下其效率为 75%～92%。异步电动机的效率也是随着负载的变化而变化的。空载时效率为零，负载越大，效率也越高，当负载在额定负载的 0.7～1 时，效率最高，运行最经济。

（十五）启动电流

电动机转速为零（静止）加上额定电压时的线电流，称为启动电流。异步电动机直接启动时，其启动电流很大，可达到额定电流的 5～7 倍。启动电流也是异步电动机启动性能的重要指标。

启动电流大，对电动机本身和电网都有影响。一方面，使电网电压瞬间下降；另一方面，过大的启动电流，将使电动机和线路上的电能损耗增加。所以，对于在启动时会使供电线路电压下降超过一定程度的电动机，应限制其启动电流。

第三节　三相交流电路

现代生产用的电源，几乎都是三相交流电源，所谓三相交流电，就是三个频率相同、电动势最大值相等，而相位互差 120°的正弦交流电。

三相交流电动势是三相交流发电机产生的，它的基本构造是在一对磁极中放置三个彼此相差 120°的绕组作为转子，如果我们把发电机转子中三个线圈的末端全部连接于 N 点，通过一根导线（中性线）引出来，又分别从三个线圈的首端引出三根导线，如图 2-9 所示，这样就将三个单相电源联合在一起了，我们称这种连接方式为发电机的星形（Y）连接。

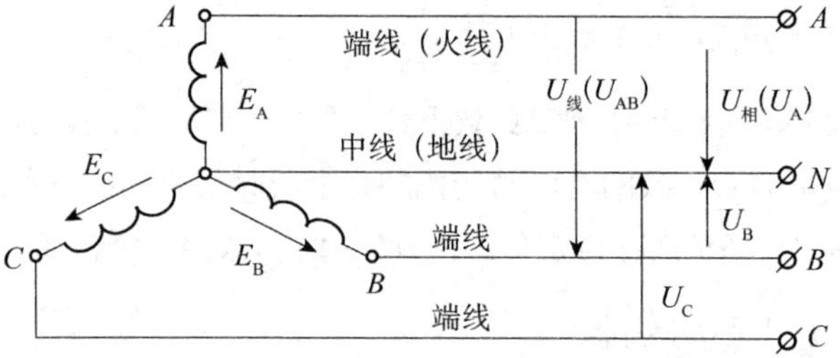

图 2-9　三相交流电的星形连接三相四线制供电

星形连接中，任何两根端线之间的电压称为线电压；任何一根端线和中性线之间的电压称为相电压。

我国的三相四线制供电系统中，送至负载的线电压一般为380V，相电压则为220V。

第四节　临时施工用电工程供电方式和供电系统

一、临时施工用电工程的供电方式

建筑施工用电工程的供电方式，根据配电及工程环境条件，一般可有以下两种：

（一）外电线路供电

外电线路供电方式可分为四种类型：

（1）采用380/220V市电低压电网供电，即直接将市电公用低压电网380/220V电力，以三相四线制形式引入施工用电工程的配电室或总配电箱。

（2）采用邻近10/0.4kV变压器低压侧380/220V电力，以三相四线制形式引入施工用电工程的配电室或总配电箱。

（3）采用在建工程本身正式的10/0.4kV变电所供电，即在工程开工前期先安排正式变电所竣工验收并投入使用，暂作建筑施工用电工程的临时电源。

（4）设置专用的10/0.4kV现场临时变电所，作为施工专用变电所。

（二）自备电源供电

自备电源供电是指施工现场专设发电机组，其设置主要是作为无法取用外电线路电源或作为外电线路停电时的施工供电电源。

二、临时施工用电接地（零）系统

按照《施工现场临时用电安全技术规范》（JGJ 46—2005）中的规定，建筑施工现场临时用电工程专用的电源中性点直接接地的 220/380V 三相四线制低压电力系统，必须采用 TN-S 接地、接零保护系统。

（一）TN-S 接地、接零保护系统

TN-S 接地、接零保护系统（简称 TN-S 系统）是指在施工用电工程中采用有专用保护零线（PE）的、电源中性点直接接地的、220/380V 三相四线制低压电力系统，或称三相五线系统，该系统主要有以下技术特点：

（1）电力变压器低压侧中性点直接接地，接地电阻值不大于 4Ω；

（2）电力变压器低压侧共引出 5 条线，其中，除引出 3 条分别为黄、绿、红的绝缘相线（火线）L_1、L_2、L_3（A、B、C）外，尚须于变压器二次侧中性点（N）接地处同时引出 2 条零线，一条叫作工作零线（浅蓝色绝缘线）（N），另一条叫作保护零线（PE）。其中，工作零线（N）与绝缘相线（L_1、L_2、L_3）一起作为三相四线制工作线路使用，保护零线（PE）只作电气设备接零保护使用，即只用于连接电气设备正常情况下不带电的金属外壳、基座等。两种零线（N 和 PE）不得混用，为防止无意识混用，保护零线（PE）应采用具有绿、黄双色绝缘标志的绝缘铜线，以与工作零线和相线相区别。同时，为保证接地、接零保护系统可靠，在整个施工现场的 PE 线上还应作不少于 3 处的重复接地，且每处接地电阻值不得大于 10Ω。

（二）TN-S 系统

专用变压器供电时 TN-S 接地、接零保护系统如图 2-10 所示。

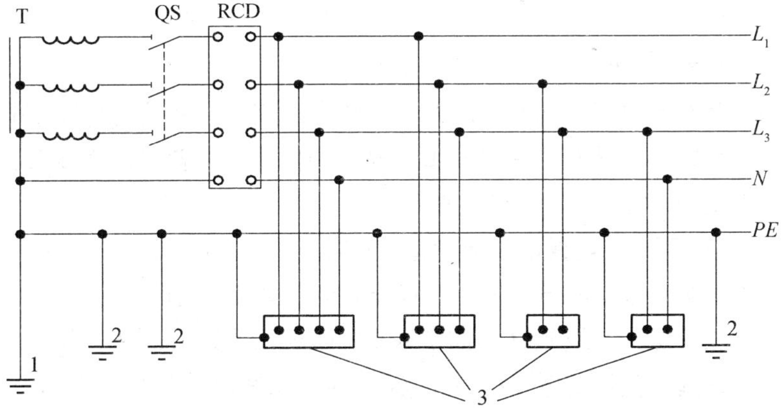

1—工作接地；2—PE 线重复接地；3—电气设备金属外壳（正常不带电的外露可导电部分）；L_1、L_2、L_3—相线；N—工作零线；PE—保护零线；QS—总电源隔离开关；RCD—总漏电保护器（兼有短路、过载、漏电保护功能的漏电断路器）；T—变压器。

图 2-10　专用变压器供电时 TN-S 接地、接零保护系统

三、临时用电的配电原则

建筑施工现场专用临时用电的三项基本原则：一是必须采用 TN-S 接地、接零保护系统（TN-S 系统）；二是必须采用三级配电系统；三是必须采用两级漏电保护和两道安全防线。

（一）三级配电结构

三级配电是指施工现场从电源进线开始至用电设备中间应经过三级配电装置配送电力，即由总配电箱（配电室内的配电柜），经分配电箱（负荷或者若干用电设备相对集中处），到开关箱（用电设备处）分三个层次逐级配送电力。而开关箱作为末级配电装置，与用电设备之间必须实行“一机一闸”制，即每一台用电设备必须有自己专用的控制开关箱，而每一个开关箱只能用于控制一台用电设备。总配电箱、分配电箱内开关电器可设置若干分路，且动力与照明宜分路设置。

（二）两级漏电保护和两道防线

两级漏电保护和两道防线包括两个内容，一是设置两级漏电保护系统，二是专用保护零线（*PE*）的实施，二者结合就形成了施工现场防触电的两道安全防线。

（1）两级漏电保护是指在整个施工现场临时用电工程中，总配电箱中必须装设漏电开关，所有开关箱中也必须装设漏电开关。

（2）保护零线（*PE*）的实施是临时用电的第二道安全防线。

在施工现场用电工程中，采用 TN-S 系统，在工作零线（*N*）以外又增加了一条保护零线（*PE*）是十分必要的。当三相火线用电量不均匀时，工作零线（*N*）就容易带电，而 PE 线始终不带电，那么随着 *PE* 线在施工现场的铺设和漏电保护器的使用，就形成了一个覆盖整个施工现场防止人身（间接接触）触电的安全保护系统。因此，TN-S 系统与两级漏电保护系统一起称为防触电保护系统的两道防线。

四、开关箱的电器配置

（1）每台用电设备应有各自的开关箱，动力开关箱与照明开关箱必须分设。

（2）开关箱必须装设隔离开关、断路器或熔断器，以及漏电保护器。当漏电保护器是同时具有短路、过载、漏电保护功能的漏电断路器时，可不装设断路器或熔断器。隔离开关应采用分断时具有可见分断点，能同时断开电源所有极的隔离电器，并应设置于电源进线端。当断路器具有可见分断点时，可不另设隔离开关。

（3）漏电保护器应安装在隔离开关的负荷侧，严禁用同一个开关电器直接控制两台及两台以上用电设备（含插座），即“一机一闸一漏一箱”。

（4）开关箱中的隔离开关只可直接控制照明电路和容量不大于 3.0kW 的动力电路，但不应频繁操作。容量大于 3.0kW 的动力电路应采用断路器控制，操作频繁时还应附设接触器或其他启动控制装置。

（5）开关箱中各种开关电器的额定值和动作整定值应与其控制用电设备的额定值和特性相适应。

五、配电箱、开关箱的安装

（1）总配电箱应设在靠近电源的地区，分配电箱应装设在用电设备或负荷相对集中的地区。分配电箱与开关箱的距离不得超过 30m，开关箱与其控制的固定式用电设备的水平距离不宜超过 3m。

（2）配电箱、开关箱应装设在干燥、通风及常温的场所，不得装设在有严重损伤作用的瓦斯、烟气、潮气及其他有害介质中，也不得装设在易受外来固体物撞击、强烈振动、液体浸溅及热源烘烤的场所，否则，应予以清除或做防护处理。落地安装的配电箱和开关箱，设置地点应平坦并高出地面（室内应高出地面 50mm 以上，室外应高出地面 200mm 以上，底座周围应采取封闭措施，以防止鼠、蛇类等小动物进入箱内），其附近不得堆放杂物。

（3）配电箱和开关箱应安装牢固，便于操作和维修。配电箱、开关箱周围应有足够两人同时工作的空间和通道，不得堆放任何妨碍操作、维修的物品，不得有灌木、杂草。

（4）配电箱、开关箱必须按其正常的工作要求安装牢固、稳定、端正。固定式配电箱、开关箱的中心点与地面的垂直距离应为

1.4～1.6m；移动式配电箱、开关箱的中心点与地面的垂直距离宜为 0.8～1.6m。

（5）配电箱、开关箱内的开关电器（含插座），应按其规定的位置紧固在电器安装板上，不得歪斜和松动。箱内安装的接触器、隔离刀开关、断路器等电气设备，应选用无破损、动作灵活、接触良好可靠、触头无烧蚀现象的合格电器。各种开关、电器的额定电流值应与其控制用电设备的额定值相匹配。

（6）配电箱、开关箱的进、出线口应配置固定线卡，进、出线应加绝缘护套并成束卡固在箱体上，不得与箱体直接接触。移动式配电箱、开关箱的进、出线应采用橡皮护套绝缘电缆，不得有接头。

（7）配电箱、开关箱应采取防雨、防尘措施，用后应将门加锁，防止他人误操作。

第三章　机械基础知识

第一节　机械识图的一般知识

一、投影及视图

（一）投影的概念

物体在光线的照射下，会在物体背后的平面上产生与物体几何外轮廓相似的影像，这个影像就是投影。投影分为中心投影与平行投影，平行投影又分为正投影与斜投影。由于正投影能真实地反映物体的轮廓和尺寸，在机械制图中一般均采用正投影。

（二）三视图

将构件放置在多面投影体系内，按正投影法向三个互相垂直的投影面作投影，就得到构件的三个投影，我们称为构件的三视图，如图 3-1 所示。

在三个投影面上得到的投影分别称为正面投影（*V*）即称为主视图，水平面投影（*H*）即称为俯视图，侧面投影（*W*）即称为左视图。为了画图和读图的方便，正面投影（*V*）将三个相互垂直的投影面展开成一个平面，即得到常用的三视图。如图 3-1 所示三视图的三个视图不是孤立的，其在尺寸上彼此相互关联，主视图反映了构件的长度和高度，俯视图反映了构件的长度和宽度，左视图反映了构件的高度和宽度，由此可得到构件三视图的关系：主视图与俯视图的长对正；主视图与左视图的高平齐；俯视图与左视图的宽相等。

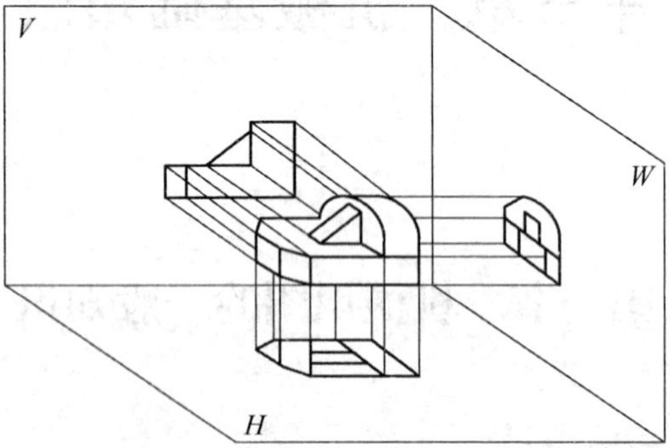

图 3-1　三视图

上述关系即画图和读图时的要诀：“长对正、高平齐、宽相等”。

（三）剖面图和剖视图

1. 剖面图

剖面图即利用一个假设的平面将物体的某一部分切断，仅画出被剖切平面的形状，剖面图有重合剖面图和移出剖面图两种画法，如图 3-2 所示。

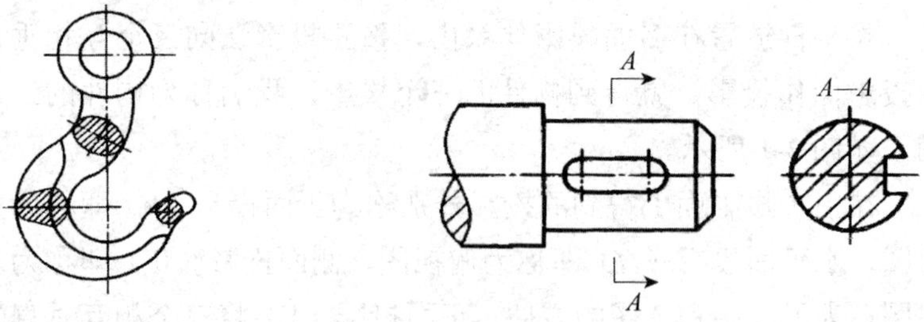

（a）重合剖面图　（b）移出剖面图

图 3-2　剖面图的画法

2. 剖视图

剖视图即利用一个假设的平面在选定的部位将物体剖开，将构件处于观察和剖切平面之间的前面部分拿掉，而将剖切平面和其后面部分再投影，得到的图形称为剖视图，如图 3-3 所示，机械图中常用剖视图表示构件的内部结构。

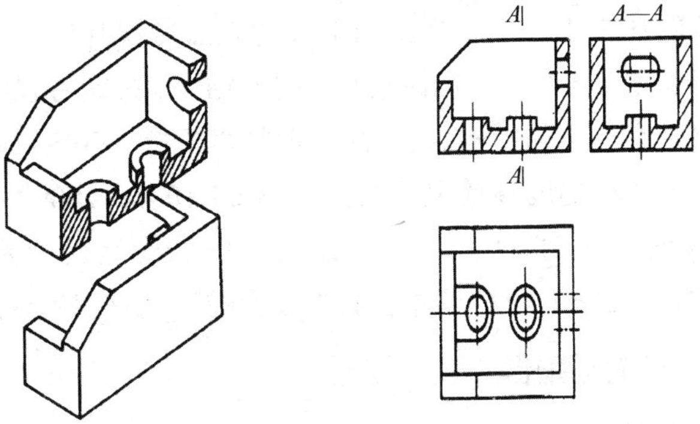

图 3-3　剖视图的画法

（四）局部放大图

机件上一些细小结构在视图中表达得不够清楚，或不便标注尺寸时，可将这些部分放大后画出，这种视图称为局部放大图，如图 3-4 所示。局部放大图用细实线圆标明放大部位，在放大图的上方注明放大比例。如有多处放大时，需用罗马数字编号。

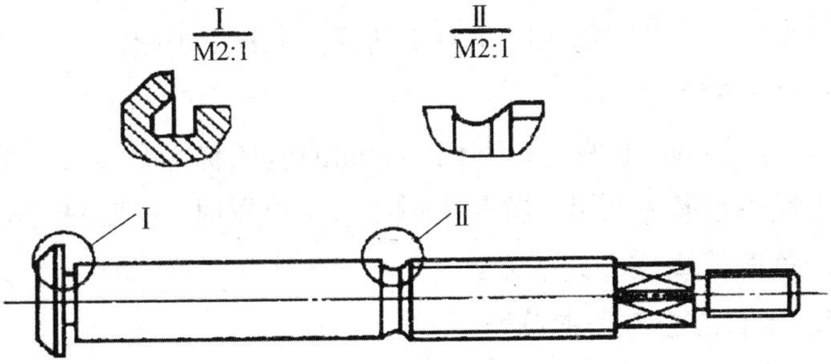

图 3-4　局部放大图的画法

二、机械制图的技术要求

机械制图的基本技术要求主要有表面粗糙度、公差与配合、形状公差和位置公差。

（一）表面粗糙度

零件的加工表面由于加工而形成的表面微观几何形状误差称为表面粗糙度，其对零件的耐磨性、耐腐蚀性、抗疲劳强度及零件之间的配合有一定的影响。《产品几何技术规范（GPS）表面结构　轮廓法　表面粗糙度参数及其数值》（GB/T 1031—2009）和《产品几何技术规范（GPS）　技术产品文件中表面结构的表示法》（GB/T 131—2006）中对零件表面粗糙度的表示有明确规定。

（二）公差与配合

1. 公差与配合的基本概念

（1）偏差：某一实际尺寸（或极限尺寸）减去基本尺寸所得到的代数差，偏差值可以为正值、负值或者为0。

（2）极限偏差：极限尺寸减去基本尺寸所得到的代数差，极限偏差有上偏差和下偏差。

1）上偏差：最大极限尺寸减去基本尺寸所得到的代数差。

2）下偏差：最小极限尺寸减去基本尺寸所得到的代数差。

（3）尺寸公差：允许尺寸的变动量，即最大极限尺寸与最小极限尺寸间的差值。

（4）公差带：上偏差和下偏差之间的区域称为公差带，在公差带中零线表示基本尺寸，当零线画在水平位置时，正偏差线位于其上方，负偏差线位于其下方。

2. 标准公差与基本偏差

（1）标准公差：在极限与配合标准中规定的任一公差。标准公差分 20 个等级，IT01、IT0、IT1～IT18。IT 表示标准公差，公差等级的代号用阿拉伯数字表示。其中 IT01 最高，IT18 最低，标准公差值由基本尺寸和公差等级确定。

（2）基本偏差：基本偏差用于确定公差带相对于零线位置的上偏差或下偏差，一般为靠近零线的那个偏差。

3. 配合

配合是指基本尺寸相同的相互结合的孔和轴公差带之间的关系。配合的种类分为间隙（孔的尺寸减去相配合的轴的尺寸之差为正）、过盈（孔的尺寸减去相配合的轴的尺寸之差为负）和过渡。

（1）间隙配合：具有间隙（包括最小间隙等于零）的配合。此时，孔的公差带在轴的公差带之上。

（2）过盈配合：具有过盈（包括最小过盈等于零）的配合。此时，孔的公差带在轴的公差带之下。

（3）过渡配合：可能具有间隙或过盈的配合。此时，孔的公差带与轴的公差带相互交叠。

（三）形状公差和位置公差

（1）形状公差：单一实际要素的形状所允许的变动量。

（2）位置公差：关联实际要素的位置对基准所允许的变动量。

三、机械图的识读

机械图分为零件图和装配图两类。

（一）零件图的识读

零件是组成机械设备的最小单元，识读零件图是机械识图的基础。

识读零件图的基本要求：

（1）根据主视图，借助其他视图，了解零件的外部几何形状和内部结构特点。

（2）根据图中标注出的零件各部尺寸，基本确定该零件的形状和大小。

（3）对结构复杂的零件，要结合各视图的剖面，想象出零件的结构形状。

（二）装配图的识读

（1）首先应了解整个装配图的内容，通过标题栏了解各零件的名称及用途。

（2）了解各部件的作用（传动、支撑、调整、润滑、锁紧、密封等），搞清楚其相互之间的装配关系。利用图上所标注的公差和配合，了解各零件之间的配合关系。

第二节　金属材料的一般知识及钢的热处理

一、金属材料的机械性能

机器零件和工具在工作时，常会受到各种不同的外力作用。金属材料受外力作用时，所表现的抵抗破坏的能力，称为机械性能。

机械性能一般包括强度、硬度、塑性、韧性、弹性、刚性和抗疲劳性等。

（一）强度

金属在外力（静载荷）作用下，所表现的抵抗变形或破坏的能力叫作强度。抵抗外力的能力越大，强度就越高。强度单位为

kg/m^2。

强度按载荷作用不同又分为以下三种：

（1）抗拉强度：外力是拉力时，材料表现出的抵抗能力叫抗拉强度。

（2）抗压强度：外力是压力时，材料表现出的抵抗能力叫抗压强度。

（3）抗弯强度：外力与材料轴线垂直，并在作用后使材料呈弯曲状，这时材料的抵抗能力叫抗弯强度。

（二）硬度

金属抵抗比它硬的物体压入的能力，叫作硬度。金属被压以后，在它上面留下的压坑越小或越浅，硬度就越高。

常用的硬度有两种：

（1）布氏硬度（HB）

用一定的负荷（一般为 3 000kg），把一定大小（直径一般为10mm）的淬硬钢球压入材料，然后用材料表面的压痕面积来除以负荷，所得的商为硬度值，它的单位为 N/mm^2，习惯常把单位省略。

用这种方法不能试验布氏硬度值高于450的金属及金属薄片，并且不能在成品上应用，因为凹坑较大。

（2）洛氏硬度（HRC）

用一定的负荷，把淬硬钢球或120°圆锥形金刚石压入器压入材料，然后用材料表面的压痕深度来计算硬度大小。洛氏硬度值为无量纲数。

（三）塑性

金属材料在一定外力的作用下，产生永久变形而不被破坏的能力。金属材料受力时，产生塑性变形的程度越大，则塑性越好，塑性大小可用延伸率“δ”来表示。延伸率是指材料受拉力作用断裂时，伸长的长度与原有长度的百分比。

（四）韧性

金属材料在冲击力的作用下，仍不发生破坏的能力，抵抗冲击的能力越大，则韧性越好。

（五）弹性

金属材料在外力的作用下发生变形，当外力去除后能恢复原状的能力称为弹性。材料在弹性范围内，外力与变形成正比。金属材料能保持弹性变形的最大应力称为弹性极限，用σ_e表示。弹性极限的值越大，则说明该材料的弹性越好，即在承受较大的应力时，不致产生永久变形。机械和车辆上的弹簧材料，应具有较高的弹性极限，保证弹簧不发生永久变形。

（六）刚性

金属材料受力时能抵抗变形的能力称为刚性。如机床的床身、刀架、顶尖轴、主轴及钢架桥梁、起重机的悬臂等都要求有良好的刚性。

（七）抗疲劳性

金属材料在长期交变外力的作用下，仍不发生破坏的能力。衡量抗疲劳性大小的指标是疲劳强度。

不同的金属材料，具有不同的机械性能，有的强度大，有的韧性好。不同的机器零件和工具有不同的机械性能要求，如对刀具的要求以硬度高为主；对机器零件的要求以强度和韧性为主。因此，只有充分了解金属材料的机械性能，才能更好的掌握金属的应用范围。

二、黑色金属

金属材料分为黑色金属和有色金属两大类。黑色金属主要是指钢、铸铁和合金，其中钢又分为碳素钢和合金钢。黑色金属材料以外的金属材料称为有色金属。

（一）碳素钢

碳素钢的含碳量不大于 2%。碳素钢按含碳量的不同可分为低碳钢［w（C）＜0.25%］、中碳钢［w（C）=0.25%～0.6%］和高碳钢［w（C）=0.6%～1.3%］三种。它还含有少量硫、磷、硅、锰等杂质。碳是决定碳素钢性能最主要的元素，其他杂质也会对碳素钢有一定影响。

在碳素钢中，碳的含量增加，它的强度和硬度会不断提高，则塑性、韧性会不断降低，如果碳增加太多，反而会使钢的强度降低。

硫和磷均是碳素钢中的有害杂质。磷会使钢的塑性和韧性降低，即冷脆，所以磷的含量应限制在 0.085%以下。硫的含量过大会使碳钢在加热（1 000～1 200℃）锻压时极易破裂，即热脆，所以硫的含量应限制在 0.07%以下，对机械性能要求不高的钢，为了改善切削性能，含硫量可增至 0.18%～0.3%。

碳素钢按用途可分为碳素结构钢、碳素工具钢和易切削结构钢。

（二）合金钢

在钢中加入一种或数种合金元素，以获得特定性能的钢叫作合金钢。可加入钢中的合金元素有锰（大于 0.8%）、硅（大于 0.5%）、铬、镍、钼、钨、钒、铝、钛、硼等，它们一般都是在熔炼过程中加入的。

在钢中加入合金元素的目的是为了增加强度和硬度，并提高塑性和韧性，此外还能提高耐磨、不锈、耐酸等性能，还能减少淬火时产生裂纹的现象。

（三）铸铁

铸铁是一种铁碳合金，碳含量较高，一般在 2.0%以上，还含有硅、锰、硫及其他元素。

铸铁的机械性能较差，但是比钢便宜，并具有良好的铸造性，在工业上得到了广泛的应用。铸铁分为白口铸铁、灰口铸铁、球墨铸铁和可锻铸铁等。

1. 白口铸铁

白口铸铁性质硬而脆，不能切削加工，可用于承受强烈挤压和磨损的零件，如拉丝模、球磨机、轧辊等。

2. 灰口铸铁

灰口铸铁的断面呈暗灰色，它具有以下特点：抗拉强度小，很容易被拉断；抗压强度大（与抗拉强度相比）；硬度低，性质较软，所以容易切削；塑性差，不能进行压力加工；有良好的铸造性能；熔点低、流动性好、冷却凝固时收缩量小。

3. 球墨铸铁

在铸铁的铁水中，加入球化剂（镁或镁合金），使铸铁中石墨成球状，经过球化处理得到的铸铁叫作球墨铸铁。

球墨铸铁的强度很高，浇铸后的铸件其机械性能为 σ_b=45～60kg/mm^2。经过正火处理后，它的机械性能可进一步得到改善，并具有一定的韧性和塑性，其成本比钢低。

球墨铸铁一般用来制作曲轴、轴套及大型轧钢轧辊、齿轮等。

4. 可锻铸铁

将一定成分的白口铸铁件（含碳 2.2%～2.8%、含硅 0.6%～1.4%）经过长期高温退火，而获得的铸铁叫作可锻铸铁。

可锻铸铁并不能锻造，这个名称仅表示它与普通铸铁相比具有较高的韧性和塑性。

可锻铸铁可用来制造一些形状复杂、强度和韧性要求较高的小截面铸件，如管子接头、炮上的某些零件等。

三、钢的热处理

钢的热处理是利用固态金属采用适当的方式进行加热保温和冷却的方法来改变钢的内部组织，从而达到改善钢的性能的一种工艺方法。它不改变钢的化学成分和形状，但能提高零件的使用性能，充分发挥钢材的潜力，延长零件的使用寿命。

常用的热处理方法有退火、正火、淬火、回火、调质、时效、表面热处理和发黑处理。

（一）退火

将钢件加热到临界温度以上（不同钢号的临界温度不同，一般为 710～750℃，个别合金钢可达 800℃或 900℃），在此温度停留一定时间，然后缓慢冷却（一般随炉冷却）的过程叫作退火。

退火的目的：

（1）降低硬度，提高塑性，便于切削加工；

（2）细化晶粒，均匀组织及成分，以改善钢的机械性能，或者为下一步淬火做好准备；

（3）消除内应力。

退火的方法有完全退火、球化退火、去应力退火。

（二）正火

将钢件加热到临界温度以上 30～50℃，保温一段时间，然后放在空气中冷却的过程称为正火。正火冷却速度比退火快，加热和保温时间与退火一样。

正火主要用于普通结构钢零件，当力学性能要求不太高时，可做最终热处理，可改善低碳钢或低碳合金钢的切削加工性能；作为预备热处理消除共析钢中网状碳体，改善钢的力学性质并为以后的热处理做准备。

正火实质上是退火的一种特殊形式，具有与退火相似的目的，所不同的是冷却速度比退火快，可以缩短生产周期，比较经济。

（三）淬火

将钢件加热到临界点以上某一温度，保温一段时间，然后在水、盐水或油中（个别材料在空气中）急速冷却的过程叫作淬火。

淬火的目的是提高钢件的硬度和强度。对于工具钢来说，淬火的主要目的是提高它的硬度，以保证刀具的切削性能和冲模工具及量具的耐磨性。对于中碳钢制造的机件来说，淬火是为以后的回火做好结构和性能准备，因为高强度和高韧性并不能在淬火后同时得到，需要再经过回火处理后才能获得的。

（四）回火

将脆硬的钢件加热到临界点以下的温度，保温一段时间，然后在空气中或油中冷却下来的过程叫作回火。

回火的目的：

（1）消除或减少工件淬火时产生的内应力，防止工件在使用过程中变形和开裂；

（2）提高钢的韧性，适当调整钢的强度和硬度，使工件达到要求的力学性能，以满足各种工件的需要；

（3）稳定组织，使工件在使用过程中不发生组织转变，从而保证工件形状和尺寸不变，保证工件的精度。

常用的回火方法有低温回火、中温回火和高温回火。

（五）调质

淬火后高温回火，叫作调质。

调质的目的是使钢件获得很高的韧性和足够的强度，使其具有良好的综合性能。很多重要零件（如主轴、丝杆、齿轮）都是经过调质处理的。

调质一般是在零件机械加工以后进行，也可把锻坯或经过粗加工的光坯调质后再进行机械加工。

（六）时效

为了消除毛坯制造时产生的内应力，以防止或减少由于内应力引起变形所采用的处理方法叫作时效处理。

自然时效是将要加工的机件先在需要加工的表面上进行粗加工，然后在露天中停放一个时期，或将机件（如丝杠）吊挂数天，使其内应力逐渐削弱。自然时效效果好，但周期长、效率低。

人工时效是将机件在低温回火后，精加工之前，加热到 100～160℃，保持 10～40h，然后慢慢冷却。人工时效效率高，但要花一定的费用。

（七）表面热处理

表面热处理是通过改变钢件表层的化学成分，从而改变表层组织和性能的热处理方法，它和一般热处理方法不同。

1. 钢的渗碳

碳原子渗入钢件表面的过程叫作渗碳。渗碳用于低碳钢和低合金钢（0.1%～0.25%），含碳量高于 0.3%的钢很少用。

钢件经过渗碳并淬火以后具有高的表面硬度（HRC=60～65）和耐磨性，而中心仍保持高的韧性。一些受冲击的耐磨零件，如轴、齿轮、凸轮、活塞销等零件大都要进行渗碳。

2. 钢的渗氮

钢件表面渗入氮原子的过程叫作渗氮。渗氮多用于含铝、铬、钼等元素的中碳合金钢。

钢件经过渗氮后，能提高表层的硬度、耐磨性、耐腐蚀性和疲劳强度。重要的螺栓、螺帽、销钉等零件常用这种方法。

3. 钢的氰化

钢件表面同时渗入碳原子和氮原子的过程叫作氰化。氰化不但适用于中碳钢、低碳钢或合金钢，还可用于高速钢刀具。经过氰化的钢件表面硬度和耐磨性都有所提高。

（八）发黑处理

将金属零件放在很浓的碱和氧化剂溶液中加热氧化，使金属表面产生一层带有磁性的四氧化三铁薄膜的过程叫作发黑处理。

发黑处理属于氧化处理方法的一种，它的主要目的是使金属表面防锈，增加金属表面的美观和光泽，消除淬火过程中的应力作用。

发黑处理主要应用于碳素钢和低碳合金工具钢。由于材料和其他因素的影响，发黑层薄膜颜色有蓝黑色、黑色、红棕色、棕褐色等，其组织较致密，厚度为 0.6～0.8μm。

第三节　机械零件的一般知识

一、键及键连接

键是用来连接轴和轴上的转动件的，用键连接的零件是可以拆卸的。连接时，键安装在轴的键座和零件的键槽中。键有斜键、平键、半圆键和花键四种。

键是标准件，根据键在连接时的松紧状态不同，可分为松键连接和紧键连接两类。

常用的松键连接有平键连接、半圆键连接、花键连接。

松键连接以键的两个侧面为工作面，故键宽与键槽需紧密配合，而键的顶面与轴上零件之间有一定的间隙。因此松键连接时轴与轴上零件连接时的对中性较好，特别在高速精密传动中应用更多。但松键连接不能承受轴向力，所以轴上零件需要轴向固定时，则需应用其他的固定方法。

1. 平键连接

平键分为普通平键、导向平键和滑键三种。

（1）普通平键：如图 3-5 所示，这种键应用最广。根据端部结构不同，分为圆头普通平键、方头普通平键和单圆头普通平键三种。圆头普通平键用于端铣刀加工的轴槽，常用于轴的中部。方头普通平键用于盘铣刀加工的轴槽，常用于轴端或轴的中部。单圆头普通平键一般用于轴端的连接。

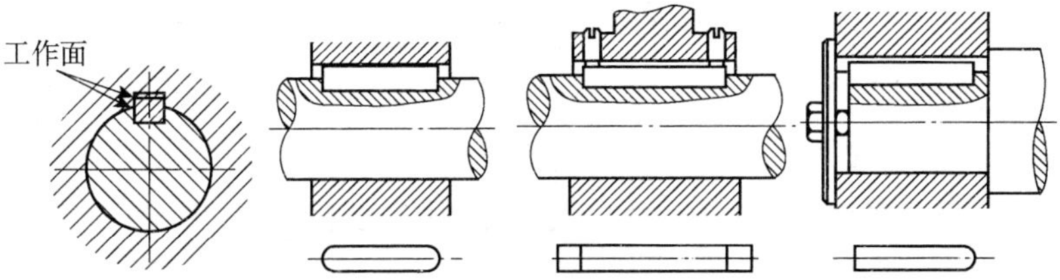

(a) 工作截面　(b) 圆头普通平键　(c) 方头普通平键　(d) 单圆头普通平键

图 3-5　普通平键的种类

（2）导向平键和滑键：当轴上零件在工作过程中需做轴向移动时，则需采用由导向平键或滑键组成的动连接。导向平键用螺钉固定在轴上的键槽中，工作时键对轴上滑动零件起导向作用，其端部有圆头和方头两种，如图 3-6 所示。当零件滑移距离较大时，宜采用滑键连接，将滑键固定在轮毂上，并与轮毂一起在轴上的键槽中滑动，如图 3-7 所示。

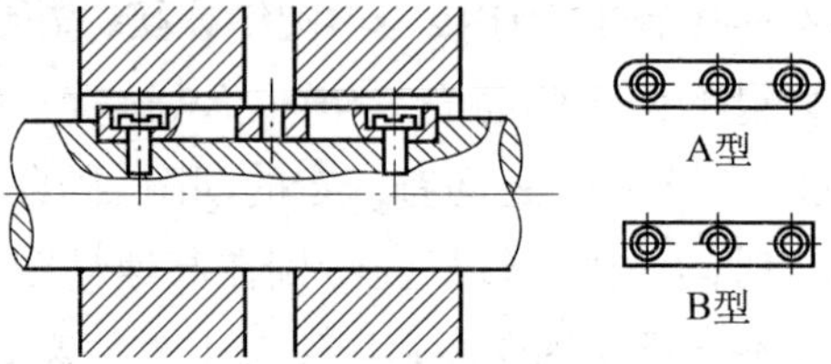

图 3-6　导向平键连接

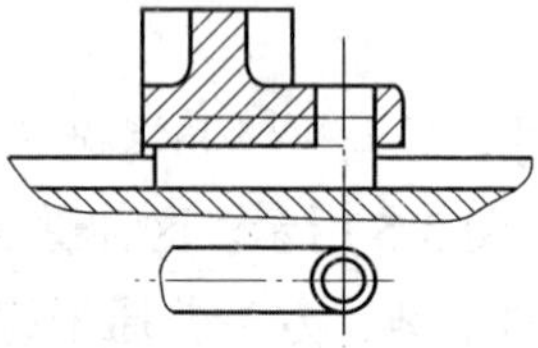

图 3-7　滑键连接（键槽已截短）

2. 半圆键连接

如图 3-8 所示，半圆键呈半圆形，轴槽也是相应的半圆形，轮毂槽开通。半圆键可绕槽底圆弧摆动，这样能自动适应轮毂的装配。半圆键工作时靠其侧面来传递转矩。这种连接的优点是工艺性较好，装配方便；缺点是轴上键槽较深，对轴的强度削弱较大，主要用于轻载或辅助性连接中，尤其适用于锥形轴与轮毂的连接。

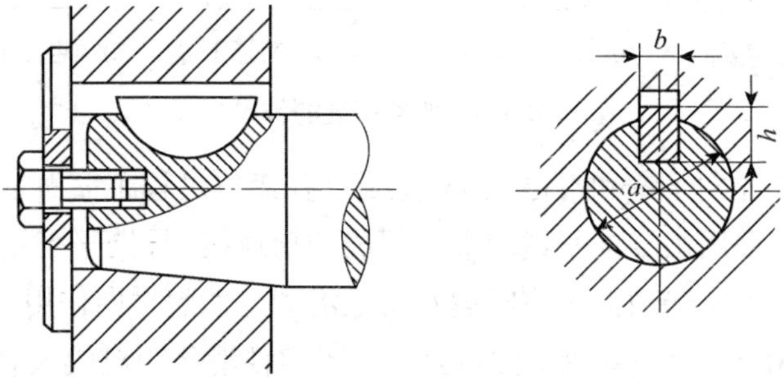

图 3-8　半圆键连接

3. 花键连接

如图 3-9 所示，花键连接是由带键齿的花键轴和带键齿的轮毂组成。应用特点是工作时依靠键齿的侧面来传递转矩，由于连接的键齿较多，因此能传递较大的载荷，且轴上零件与轴的对中性和沿轴向移动的导向性都较好；同时由于键槽较浅，故对轴的强度削弱较小；但其加工复杂、成本较高，多用于载荷较大和定心精度要求较高的场合或轮毂经常做轴向滑移的场合。

花键连接已经标准化，按其齿形不同，分为矩形花键、渐开线花键和三角形花键三种，其中以矩形花键应用最广。

（1）矩形花键：它的齿侧面为两个平行平面，如图 3-9（a）所示。

（2）渐开线花键：它的齿形为压力角 30°（或 45°）的渐开线，如图 3-9（b）所示。

（3）三角形花键：内花键齿形为直线齿形，外花键齿形为压力角 45°的渐开线，如图 3-9（c）所示。

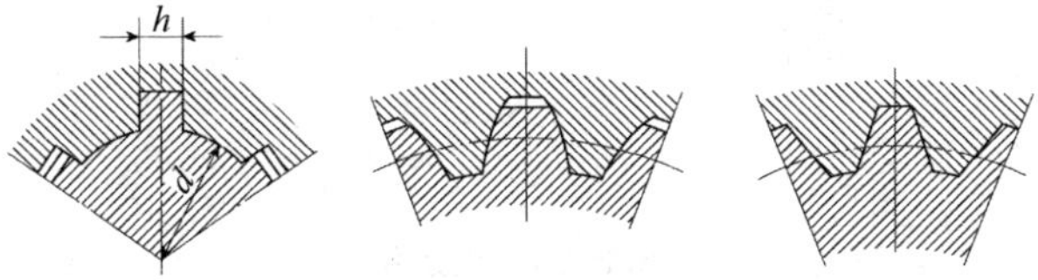

(a) 矩形花键　(b) 渐开线花键　(c) 三角形花键

图 3-9　花键连接

二、销及销连接

销主要有圆柱形销和圆锥形销两种，其他形式都是由此演化而来的。普通圆柱形销分 A、B、C、D 四种型号，适用于不常拆卸的零件定位；普通圆锥形销分 A、B 两种型号，A 型精度高，圆锥销适用于经常拆卸的零件定位。

销连接的主要功用是定位、传递运动和动力，以及作为安全装置中的过载剪断零件。

（一）定位零件

固定零件间的相互位置，起这种作用的圆柱形销或圆锥形销，通常称为定位销。

图 3-10 为应用圆锥形销实现定位的示例，因为圆锥销具有 1∶50 的锥度，具有可靠的自锁性，可以在同一销孔中经多次装拆而不影响被连接零件的相互位置的精度。定位销一般不承受载荷或只承受很小的载荷，直径可按结构要求来确定。使用的数目不得少于两个。销在每一连接件内的长度为销直径的 1～2 倍。

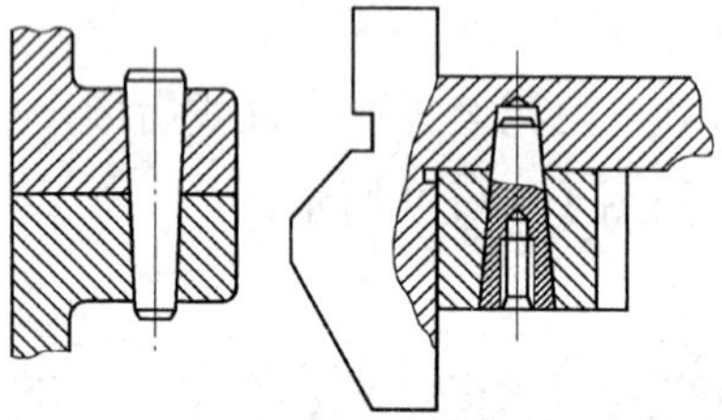

(a)　　(b)

图 3-10　销定位

（二）传递横向力和转矩

使用圆柱形销或圆锥形销可传递不大的横向力或转矩，如图 3-11 所示。圆柱孔需铰制，依靠过盈配合而连接紧固。

（三）做安全装置中的被切断零件

在传递横向力或转矩过载时，销就会被剪断，从而保护连接件，这种销称为安全销。安全销可用于传动装置的过载保护，如安全联轴器等过载时的被剪断零件。

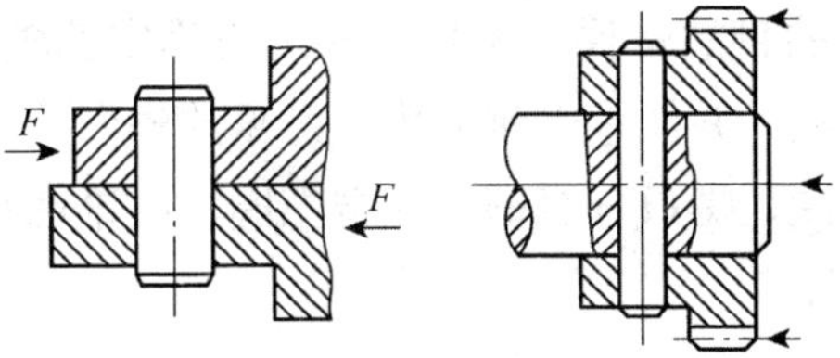

(a)　　(b)

图 3-11　销传动

三、轴及轴向固定、轴向定位

（一）轴的分类

轴按荷载性质不同可以分为心轴、转轴和传动轴三种。

（1）心轴的应用特点是用来支撑传动的零件，只受弯曲作用而不传递动力。

（2）转轴的应用特点是既支撑转动的零件又传递动力，转轴本身是转动的，同时承受弯曲和扭转两种作用。

（3）传动轴的应用特点是传递动力，只受扭转作用而不受弯曲作用，或受弯曲作用很小。

（二）在考虑轴的结构时应满足的要求

（1）轴的受力合理，以利于提高轴的强度和刚度。

（2）安装在轴上的零件，要能牢固而可靠的相对固定。

（3）轴上结构应便于加工、装拆和调整，并尽量减少应力集中。

（三）轴向固定、轴向定位和固定

1. 轴向固定

轴向固定的目的是保证零件在轴上有确定的轴向位置，防止零件做轴向移动，并能承受轴向力。常见的轴向固定种类有轴肩、轴环、弹性挡圈、螺母、套筒、轴端挡圈、圆锥面和紧定螺钉等，如图 3-12 所示。

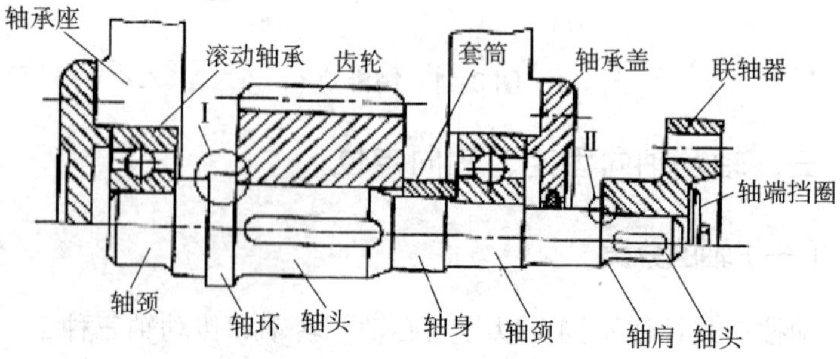

图 3-12　轴向固定种类

2. 轴向定位和固定

轴向定位和固定的作用及目的是保证零件传递转矩和防止零件与轴产生相对转动。在实际使用时，常采用键、花键、销、紧定螺钉、过盈配合、非圆轴等结构以起到轴向定位和固定的作用。

四、轴承

支撑轴颈的部分叫轴承，任何一种轴都要由轴承支撑起来才能工作，因此轴承在建筑机械中是重要的部件。其功用是支撑轴及轴上零件，保持轴的旋转精度和减少轴与支撑间的摩擦和磨损。机械性能的好坏、寿命的长短，常常取决于轴承的选择是否正确。

（一）轴承的分类

轴承按照工作时摩擦性质不同，可分为滑动轴承和滚动轴承（如图 3-13 所示）。

1. 滑动轴承

滑动轴承由轴承座、轴瓦和并紧螺帽组成。主轴在轴瓦中旋转，产生滑动摩擦。

2. 滚动轴承

在高速旋转的机器上，为减少摩擦和磨损，可以采用滚动轴承，滚动轴承有滚珠和滚柱两种。

滑动轴承适用于高速、高精度、重载和有较大冲击的场合，也应用于不重要的低速机器中。滚动轴承摩擦阻力小、易启动、适用范围广、轴向尺寸小、润滑和维修方便，应用广泛。

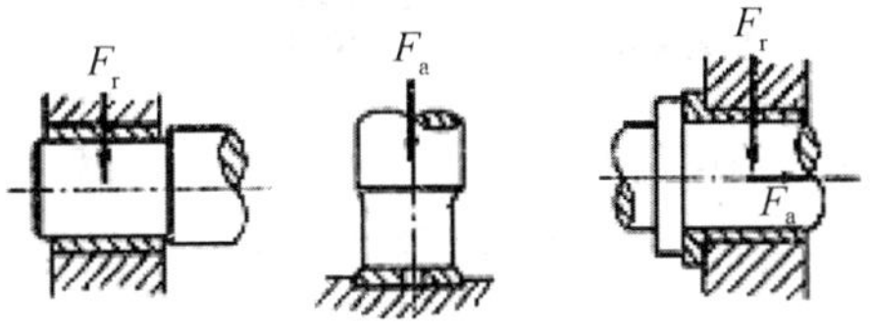

(a) 向心滑动轴承 (b) 推力滑动轴承 (c) 向心推力滑动轴承

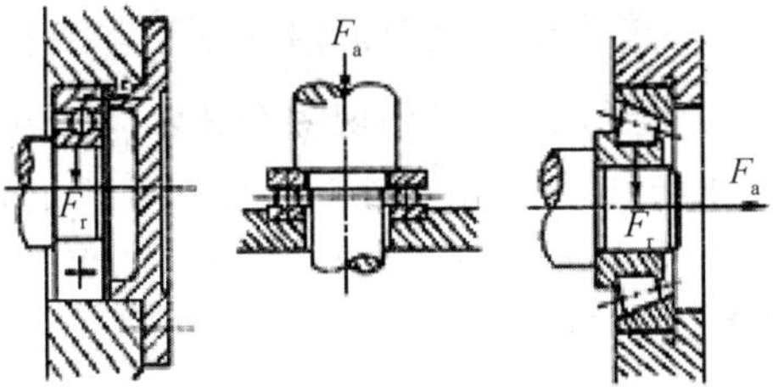

(d) 向心滚动轴承 (e) 推力滚动轴承 (f) 角接触滚动轴承

图 3-13　轴承的种类

（二）滚动轴承的基本构造及特点

如图 3-14 所示，滚动轴承一般由内圈、外圈、滚动体和保持架组成。内外圈上通常制有沟槽，其作用是限制滚动体轴向位移和降低滚动体与内外圈间的接触应力。内外圈分别与轴颈和轴承座配合，通常是内圈随轴颈转动而外圈固定不动，但也有外圈转动而内圈固定不动的情况，当内、外圈相对转动时，滚动体就在滚道内滚动。保持架的作用是使滚动体等距分布，并减少滚动体间的摩擦和磨损。

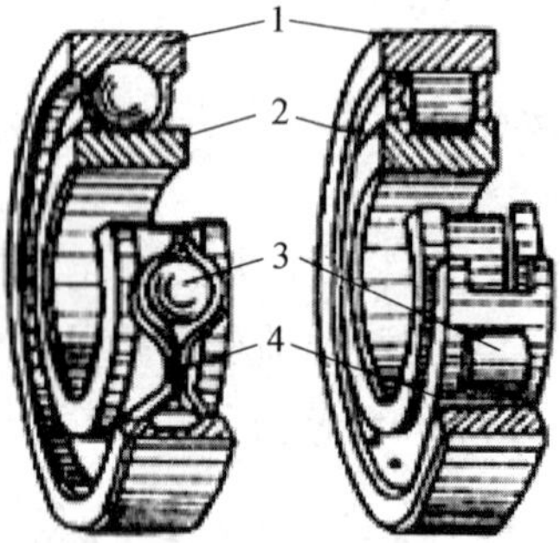

1—外圈；2—内圈；3—滚动体；4—保持架。

图 3-14　滚动轴承

滚动轴承摩擦阻力小、启动灵敏、效率高，可用预紧的方法来提高支承刚度与旋转精度，具有润滑简便和互换性等优点，主要缺点是抗冲击能力较差，高速时出现噪声和轴承径向尺寸大，与滑动轴承相比，寿命较短。

五、螺纹

螺纹应用得非常广泛。螺纹的主要作用是把两个（或更多）零件连接起来，称为连接螺纹。用来传递动力用的称为传动螺纹。螺纹分为左旋螺纹和右旋螺纹，一般为右旋螺纹。

（一）螺纹的种类

螺纹的种类有以下几种（如图 3-15 所示）：

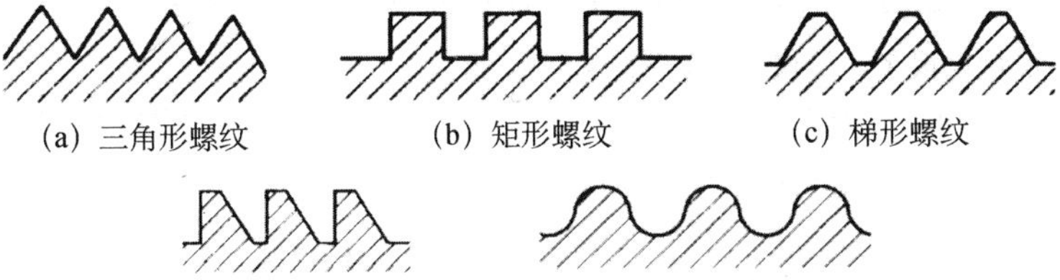

(a) 三角形螺纹　(b) 矩形螺纹　(c) 梯形螺纹

(d) 锯齿形螺纹　(e) 圆形螺纹

图 3-15　螺纹的种类

1. 三角形螺纹

（1）公制螺纹：牙形为正三角形，牙形角为 60°。按螺距的大小分为普通粗牙螺纹和普通细牙螺纹两类。普通粗牙螺纹用字母 M 表示，如 M16 表示公称直径为 16mm、螺距为 2mm 的粗牙螺纹。普通细牙螺纹用字母及公称直径×螺距表示，如 M10×1.25，表示公称直径 10mm、螺距为 1.25mm 的细牙螺纹。公制螺纹应用最广泛。

（2）英制螺纹（又叫时制螺纹）：只用于制造国外进口的一些机器的配件上。牙形角为 55°。习惯上用公称直径（单位为寸）及每英寸牙数表示，尺寸单位采用代号。如 7/16″ ×14 表示公称直径为 7/16 英寸的粗牙（每英寸 14 牙）英制螺纹。

（3）管螺纹：用于管端，因管壁较薄，不宜采用普通尺寸的螺纹，它的公称直径是管子的内径（以时计）。例如，G3/4″ —2 左，表示公称直径为 3/4″ 的管螺纹，精度 2 级，左旋（右旋不标）。

2. 矩形螺纹

矩形螺纹的牙形一般是正方形，牙厚为螺距的一半，效率较高，对中准确性较差。

3. 梯形螺纹

梯形螺纹的牙形为等腰梯形。广泛应用于传力螺旋传动中，加工工艺性好，牙根强度高，但螺纹副对中性精度差。

4. 锯齿形螺纹

锯齿形螺纹的牙形为不等边梯形。效率较矩形螺纹略低，而强度较大，多用于单相传力的起重螺旋等。

5. 圆形螺纹

圆形螺纹的外轮廓是半圆形。

三角形螺纹主要用于连接，矩形螺纹、梯形螺纹和锯齿形螺纹主要用于传动。

（二）常用的连接件

常用的螺纹连接件有螺栓与螺钉、螺母、垫圈等。

1. 螺栓与螺钉

螺栓与螺钉按其用途可分为连接固定用的、紧定用的、堵塞用的和其他特殊用途等。其中，用于连接固定用的最多。一般按其头部形状可分为六方头、四方头、圆柱头、半圆头、带榫的、方颈的螺栓与螺钉等。

2. 螺母

螺母或称螺帽，主要是配合螺栓、螺钉等做连接固定用，其形状有六方形、四方形、带槽形、蝶形等。

3. 垫圈

（1）光垫圈：起隔离零件表面、分散零件表面压力的作用。

（2）弹簧垫圈：防止螺母或其他连接件回松。

（3）止退垫圈：能承受反向回转力矩，有单耳、双耳、外舌、内舌、圆螺母等止退垫圈。

（4）特殊垫圈：能起各种特殊作用的垫圈，如球面垫圈、锥面垫圈、开口垫圈等。

（5）弹性垫圈：用在轴上或孔内，防止滚动轴承、齿轮等发生轴向位移，通常称为卡簧。

上述常用的连接件国家都已纳入标准制造，对不同种类的形状与尺寸都有相应的规定。

（三）螺纹连接的基本类型

螺纹连接是利用螺纹零件构成可拆卸的固定连接。螺纹连接具有结构简单、紧固可靠、装拆方便的特点，因此应用极为广泛。

螺纹连接的基本类型有螺栓连接、双头螺柱连接、螺钉连接和紧定螺钉连接四种，它们的特点和应用见表 3-1。

表 3-1　螺纹连接的基本类型

类型	螺栓连接	双头螺柱连接	螺钉连接	紧定螺钉连接
特点和应用	螺栓穿过被连接件的通孔，与螺母组合使用，结构简单、装拆方便，适用于被连接件厚度不大且能够从两面进行装配的场合	将螺柱上螺纹较短的一端旋入并紧固在被连接件之一的螺纹孔中，不再拆下，适用于被连接件之一较厚不宜制作通孔及需经常拆卸、连接紧固或紧密程度要求较高的场合	螺钉穿过较薄被连接件的通孔，直接旋入较厚被连接件的螺纹孔中，不用螺母，结构紧凑，适用于被连接之一较厚、受力不大，且不经常装拆、连接紧固或紧密程度要求不太高的场合	利用螺钉的末端顶住另一被连接件的凹坑中，以固定两个零件的相对位置，可传递不大的横向力或转矩

六、高强度螺栓

（一）定义

普通螺栓一般使用 Q235 碳素结构钢制造，性能等级一般为 4.4 级、4.8 级、5.6 级。

螺栓的性能等级在 8.8 级以上者，称为高强度螺栓。高强度螺栓的制作材料有 45 号钢、35CrMoA 或其他优质材料，制成后再进行热处理，提高了螺栓的强度。高强度螺栓可承受的载荷比同规格的普通螺栓要大。图 3-16 为常见的高强度螺栓。

（a）高强度大六角螺栓　（b）高强度T型槽螺栓　（c）扭剪型高强度螺栓

图 3-16　高强度螺栓

（二）高强度螺栓的受力特点

普通螺栓连接靠栓杆抗剪和孔壁承压来传递剪力，拧紧螺帽时产生的预压力很小，其影响可以忽略不计。而高强度螺栓施加预拉力和靠摩擦力传递外力，螺栓连接会施加很大的预拉力，使连接构件间产生挤压力，从而使垂直于螺杆方向有很大的摩擦力，而且预压力、抗滑移系数和钢材种类都直接影响高强螺栓的承载力。

高强度螺栓连接具有施工简单、受力性能好、可拆换、耐疲劳，以及在动力荷载作用下不致松动等优点。

高强度螺栓有摩擦型和承压型两种。

摩擦型高强度螺栓承受剪力的准则是设计荷载引起的剪力不超过摩擦力。

承压型高强度螺栓则是以杆身不被剪坏或板件不被压坏为设计准则。

（三）高强度螺栓的使用

（1）螺栓、螺母、垫圈均应附有质量证明书。

（2）高强度螺栓应按规格分类存放，存放环境应防雨、防潮，保持洁净、干燥状态。

（3）必须按批号，同批内配套使用，不得混放、混用。

（4）遇有螺栓、螺母不配套或螺纹损伤时，不得使用。

（5）螺栓、螺母、垫圈有下列情况的为不合格品，禁止使用：来源（制造厂）不明者；机械性能不明者；扭矩系数 k 不明者；有裂纹、伤痕、毛刺、弯曲、铁锈、螺纹磨损、油污、被水淋湿过或有缺陷者；未附带性能试验报告者；与其他批号螺栓混合者；长度不够的螺栓，即拧紧后螺栓头露不出螺母端面者（一般伸出螺母端面的长度以 2～3 扣螺纹为宜）；连接副扭矩系数超过保证期的。

（四）高强度螺栓的安装要求

（1）安装时组件摩擦面应保持干燥，不应在雨中作业。

（2）安装时禁止锤击打入螺栓以防止螺栓丝扣受损。

（3）使用活动扳手的扳口尺寸应与螺母的尺寸相符，不应在小扳手上加套管。高空中作业应使用死扳手，如用活扳手时应用绳子拴牢，安装人员要系好安全带。

（4）安装时高强度螺栓应自由穿入孔内，不得强行敲打。扭剪型高强度螺栓的垫圈安在螺母一侧，垫圈孔有倒角的一侧应和螺母接触，不得装反（高强度大六角螺栓的垫圈应安装在螺栓头一侧和螺母一侧，垫圈孔有倒角的一侧应和螺栓头接触，不得装反）。螺栓不能自由穿入时，不得用气割扩孔。

（5）螺栓穿入方向宜一致，穿入高强度螺栓用扳手紧固后，再卸下临时螺栓，以高强度螺栓替换。

（6）高强度螺栓的紧固必须分两次进行，第一次为初拧。初拧紧固到螺栓标准轴力（即设计预拉力）的 60%～80%，初拧的扭矩值不得小于终拧扭矩值的 30%。第二次紧固为终拧，终拧时扭剪型高强度螺栓应将梅花卡头拧掉。如为螺栓群，所有螺栓受力应均匀，初拧、终拧都应按一定顺序进行。

七、传动

（一）传动的定义

将能量由原动机传送到工作机的一套装置称为传动装置，这个过程称为传动。传动能进行能量的分配、改变运动的状态和改变运动的速度。

（二）传动的分类

1. 带传动

（1）带传动是用带做中间挠性件而靠摩擦力工作的一种传动。按带的剖面形状可分为长方形、梯形和圆形的，分别叫平行带、三角带和圆形带。平行带是利用底面与带轮之间的摩擦来传递动力，三角带则是靠两斜面与带轮之间的摩擦力来传递动力，圆形带传递动力较小，只用于小功率的机器和仪器。

（2）在带传动中，由于传动带长期受到拉力的作用，将会产生永久变形，使带的长度增加，因而造成张紧能力减小，张紧变为松弛和传动能力降低。为了保持带在传动中的能力，带传动要有张紧装置。常用的张紧方法有调整中心距、使用张紧轮。

（3）带与带轮接触的弧长所对应的中心角称为带轮的包角。包角越大，接触的弧长就越长，接触面之间所产生的摩擦力总和就越大，从而能保证传动。一般使用包角$\alpha \geqslant 120°$。

（4）带传动具有过载保护功能。

2. 齿轮传动

齿轮传动在建筑机械中应用得比较广泛，它是利用齿轮间齿与齿的压力来传动的，两个齿轮互相配合在一起工作，称为齿轮的啮合。齿轮传动属刚性传动。

（1）啮合传动是一个比较复杂的运动过程，在采用啮合传动时齿轮有以下要求：

1）传动要平稳。要求齿轮在传动过程中，任何瞬时的传动比都应保持恒定不变。以保持传动的平稳性，避免或减少传动中的噪声、冲击和振动。

2）承载能力要强。要求齿轮的尺寸小，重量轻，而承受载荷的能力大，即要求强度高，耐磨性好，寿命长。

（2）齿轮传动的分类。齿轮的类型很多，各种齿轮形状不同，常见的齿轮有圆柱形齿轮、圆锥形齿轮、蜗轮蜗杆等。

（3）齿轮的传动比：主动齿轮与从动齿轮的转速（角速度）之比称为齿传动的传动比。表示方法：

$$i=n_1/n_2=z_2/z_1 \tag{3-1}$$

式中，i——齿轮的传动比；

z_1——主动齿轮的齿数；

z_2——从动齿轮的齿数；

n_1——主动齿轮的转速；

n_2——从动齿轮的转速。

（4）齿轮的失效：齿轮在传动中，如果在载荷的作用下发生折断、齿面损坏等现象，齿就会失去正常工作的能力，称为齿轮的失效。齿轮的失效形式有轮齿的点蚀、齿面磨损、齿面度胶合、轮齿折断、塑性变形。

3. 蜗轮蜗杆传动

蜗轮蜗杆传动多用于空间两交叉在90°的传动。蜗轮实际上是一个斜齿轮，而蜗杆是一种梯形螺纹。在这种传动中，蜗轮通常为从动件，而蜗杆为主动件。

蜗轮蜗杆传动的传动比：

$$i=n_1/n_2=z_2/z_1 \tag{3-2}$$

式中，i——蜗轮蜗杆传动的传动比；

n_1——蜗杆的转速；

n_2——蜗轮的转速；

z_1——蜗杆的头数（即有几根螺旋线）；

z_2——蜗轮的齿数。

八、链传动

（一）链传动的类型

链传动是以链条为中间传动件的啮合传动。如图 3-17 所示，链传动由主动链轮、从动链轮和绕在链轮上并与链轮啮合的链条组成。

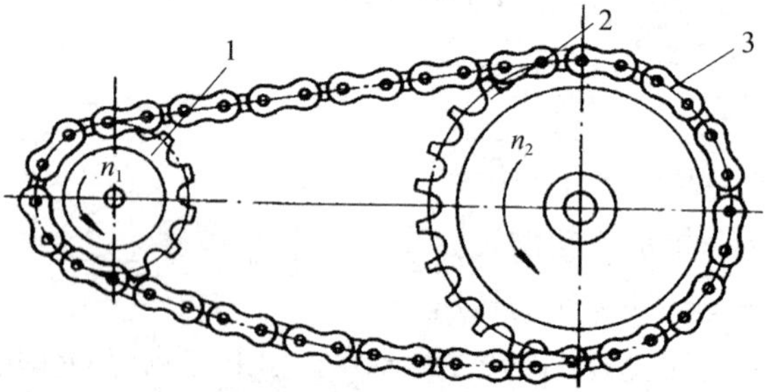

1—主动链轮； 2—从动链轮； 3—链条 。

图 3-17 链传动

按照用途不同，链可分为起重链、牵引链和传动链三大类。起重链主要用于起重机械中提起重物，其工作速度 $v \leq 0.25$m/s；牵引链主要用于链式输送机中移动重物，其工作速度 $v \leq 4$m/s；传动链用于一般机械中传递运动和动力，通常工作速度 $v \leq 15$m/s。

传动链有齿形链和滚子链两种。齿形链是利用特定齿形的链片和链轮相啮合来实现传动的，如图 3-18 所示。齿形链传动平稳，噪声很小，故又称无声链传动。齿形链允许的工作速度可达 40m/s，但制造成本高，重量大，故多用于高速或运动精度要求较高的场合。本章重点讨论应用最广泛的套筒滚子链传动。

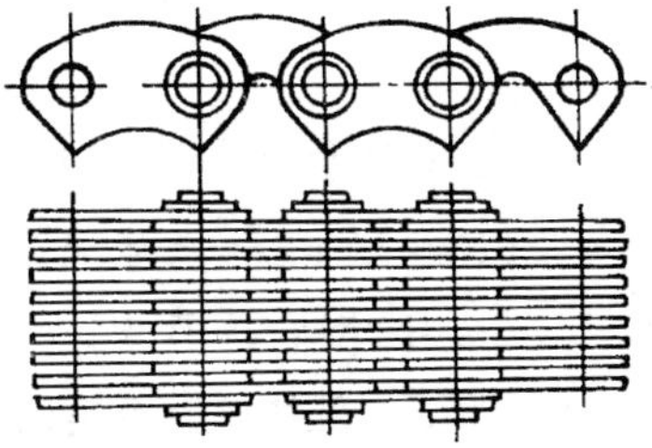

图 3-18　齿形链

（二）链传动的特点

（1）与带传动相比，链传动能保持平均传动比不变、传动效率高、张紧力小，因此作用在轴上的压力较小；能在低速重载和高温条件下及尘土飞扬的不良环境中工作。

（2）与齿轮传动相比，链传动可用于中心距较大且制造精度较低的场合。

（3）只能传递平行轴之间的同向运动，不能保持恒定的瞬时传动比，运动平稳性差，工作时有噪声。

（4）通常链传动传递的功率 $P \leqslant 100$kW，中心距 $a \leqslant 5 \sim 6$m，传动比 $i \leqslant 8$，线传动速度 $v \leqslant 15$m/s，广泛应用于农业机械、建筑工程机械、轻纺机械、石油机械等各种机械传动中。

（三）失效形式

链传动的失效形式主要有以下几种：

（1）链板疲劳破坏。链在松边拉力和紧边拉力的反复作用下，经过一定的循环次数，链板会发生疲劳破坏。在正常润滑条件下，链板疲劳强度是限定链传动承载能力的主要因素。

（2）滚子、套筒的冲击疲劳破坏。链传动的啮入冲击首先由滚子和套筒承受，在反复多次的冲击下，经过一定循环次数，滚子、套筒可能会发生冲击疲劳破坏。这种失效形式多发生于中、高速闭式链传动中。

（3）销轴与套筒的胶合润滑不当或速度过高时，销轴和套筒的工作表面会发生胶合。胶合限定了链传动的极限转速。

（4）链条铰链磨损。铰链磨损后链节变长，容易引起跳齿或脱链。开式传动、环境条件恶劣或润滑密封不良时，极易引起铰链磨损，从而急剧降低链条的使用寿命。

（5）过载拉断。这种拉断常发生于低速重载的传动中。

在一定的使用寿命下，从一种失效形式出发，可得出一个极限功率表达式。为了清楚，常用线图表示。为在正常润滑条件下，对应各种失效形式的极限功率曲线，线图中的阴影部分为实际上使用的区域。若润滑密封不良及工况恶劣时，磨损将很严重，其极限功率会大幅下降。

九、行星齿轮传动

（一）概念

一个或一个以上齿轮的轴线绕另一齿轮的固定轴线回转的齿轮传动，如图 3-19 所示。行星轮既绕自身的轴线回转，又随行星架绕固定轴线回转。太阳轮、行星架和内齿轮都可绕共同的固定轴线回转，并可与其他构件联结承受外加力矩，它们是这种轮系的三个基本件。三者如果都不固定，确定机构运动时需要给出两个构件的角速度，这种传动称差动轮系；如果固定内齿轮或太阳轮，则称行星轮系，通常这两种轮系都称为行星齿轮传动。

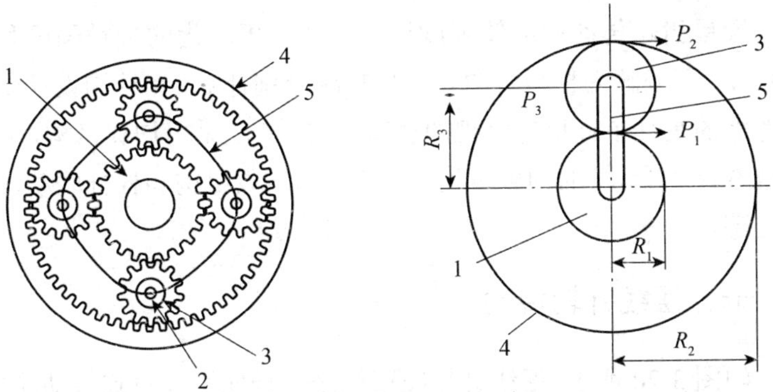

1—太阳轮；2—行星齿轮轴；3—行星齿轮；4—齿圈；5—行星齿轮架。

图 3-19　行星齿轮

（二）特点和类型

行星齿轮传动的主要特点是体积小、承载能力大、工作平稳；但大功率高速行星齿轮传动结构较复杂，要求制造精度高。行星齿轮传动中有些类型效率较高，但传动比不大。另一些类型则传动比可以很大，但效率较低，用它们做减速器时，其效率随传动比的增大而减小；做增速器时则有可能产生自锁。差动轮系可以把两个给定运动合成起来，也可把一个给定运动按照要求分解成两个基本件的运动。汽车差速器就是分解运动的例子。行星齿轮传动应用广泛，并可与无级变速器、液力耦合器和液力变矩器等联合使用，进一步扩大使用范围。

（三）行星齿轮传动的设计

选择齿轮齿数时需要考虑的因素是满足指定的传动比；几个行星轮需装到相应的合理位置；行星轮间各齿顶圆要有一定间隙。此外，还应保证安装以后三个基本件的回转轴线重合，如图 3-19 中内啮合齿轮的中心距必须等于外啮合齿轮的中心距。

行星齿轮传动的齿轮强度计算主要考虑轮齿的接触强度和弯曲强度，可分解为相啮合的几对齿轮副分别计算。在结构设计中主要考虑的是几个行星轮分担的载荷均匀，故应采用均载机构，如采用基本件“浮动”的均载机构、弹性件的均载机构和杠杆联动均载机构等。

十、摆线针轮传动

如图 3-20 所示，摆线针轮减速机是一种应用行星式传动原理，采用摆线针齿啮合的新颖传动装置。摆线针轮减速机全部传动装置可分为输入部分、减速部分、输出部分。在输入轴上装有一个错位 180°的双偏心套，在偏心套上装有两个称为转臂的滚柱轴承，形成机构、两个摆线轮的中心孔即为偏心套上转臂轴承的滚道，并由摆线轮与针齿轮上一组环形排列的针齿相啮合，以组成齿差为一齿的内啮合减速机构，为了减小摩擦，在速比小的减速机中，针齿上带有针齿套。

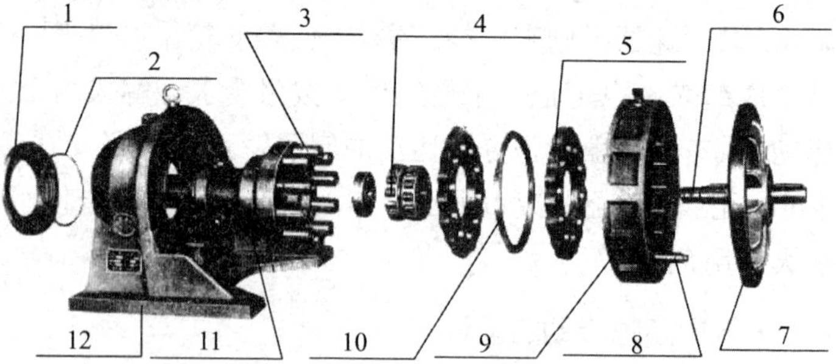

1—小端盖；2—制动环；3—销轴、销套；4—偏心套轴承；5—摆线轮；6—输入轴；7—大端盖；8—针齿销针齿套；9—针齿壳；10—间隔环；11—输出轴；12—机座。

图 3-20　摆线针轮减速机装配

当输入轴带着偏心套转动一周时，由于摆线轮上齿廓曲线的特点及其受针齿轮上针齿限制之故，摆线针轮减速机的运动成为既有公转又有自转的平面运动，在输入轴正转周时，偏心套也转动一周，摆线轮于相反方向转过一个齿从而得到减速，再借助输出机构，将摆线轮的低速自转运动通过销轴，传递给输出轴，从而获得较低的输出转速。

（一）用途

摆线针轮减速机采用摆线针齿啮合、行星式传动原理，所以通常也叫行星摆线减速机，行星摆线针轮减速机可以广泛地应用于石油、环保、化工、水泥、输送、纺织、制药、食品、印刷、起重、矿山、冶金、建筑、发电等行业，作为驱动或减速装置，该机分为卧式、立式、双轴型和直联型等装配方式。其独特的平稳结构在许多情况下可替代普通圆柱齿轮减速机及蜗轮蜗杆减速机，因此，行星摆线针轮减速机在各个行业和领域被广泛地使用，受到广大用户的普遍欢迎。

（二）使用条件

（1）摆线针轮减速机允许使用在连续工作制的场合，同时允许正、反两个方向运转。

（2）输入轴的转速额定转数为 1 500r/min，在输入功率大于 18.5kW 时建议采用 960r/min 的 6 级电机配套使用。

（3）卧式安装摆线针轮减速机的工作位置均为水平位置。在安装时最大的水平倾斜角一般小于 15°。在超过 15°时应采用其他措施保证润滑充足和防止漏油。

（4）摆线针轮减速机的输出轴不能受较大的轴向力和径向力，在有较大轴向力和径向力时须采取其他措施。

第四章　液压传动知识

第一节　液压传动的意义

当今建筑机械中使用液压系统十分广泛。虽然还有电气、气动或机械系统可供选择利用，但是液压系统已越来越多地得到应用。例如，在上回转自升式塔式起重机上，利用液压系统将塔机上部顶起或降下，从而引入或引出塔身标准节，实现塔机的升节或降节。

为什么使用液压系统？原因有很多，部分原因是液压系统在动力传递中具有用途广、效率高和操作简单的特点。液压系统的任务就是将动力从一种形式转变成另一种形式。

第二节　液压传动的定义和工作原理

一部完整的机器主要由原动机、传动机构和工作机三部分组成，由于原动机的功率和转速变化范围有限，为了适应工作机的工作力矩（转矩）和工作速度（转速）变化范围较宽的要求，以及其他操纵性能（如停车、换向等）的要求，在原动机和工作机之间设置了传动机构（或称传动装置）。传动机构通常分为机械传动机构、电气传动机构和流体传动机构。流体传动机构是以流体为工作介质进行能量转换、传递和控制的传动，包括液体传动和气体传动。液体传动是以液体为工作介质的流体传动，包括液力传动和液压传动。液压传动是主要利用液体压力能的传动。

一、帕斯卡定律和基本方程式

加在密闭液体任一部分的压强，必然按其原来的大小，由液体向各个方向传递，这就是帕斯卡定律。

在帕斯卡定律中，压强和作用力之间有两个重要关系，它们是以下两项等式：

$$P=F/A \tag{4-1}$$

$$F=P\cdot A \tag{4-2}$$

式中，F——作用力；

P——压强；

A——面积。

液压传动机正是根据这一原理制成。下面就用一个简单的装置说明其工作原理。

如图 4-1 所示，A_1、A_2 为两个直径不同的液压缸，底部用管道连接，缸内充满液体。设液压缸 A_1 中的活塞面积 $S_1=10\text{cm}^2$，油缸 A_2 中的活塞面积 $S_2=100\text{cm}^2$。当在液压缸 A_1 的活塞上加力 $F_1=10\text{kN}$ 时，液压缸 A_1 中的液体单位面积受压强为 $F_1/S_1=1\text{kN/cm}^2$。

根据帕斯卡定律，液压缸 A_2 中的活塞上也受到 1kN/cm^2 的压强，即 $F_1/S_1=F_2/S_2$，这样液压缸 A_2 中的活塞上会产生 100kN 的向上推力 F_2。由这个例子可以看出，加在液压缸 A_1 活塞上的力，由于密闭在两个连通液压缸中的液体的作用，被传递到液压缸 A_2 的活塞上，并且这个力得到了放大，这就是液压传动的工作原理。

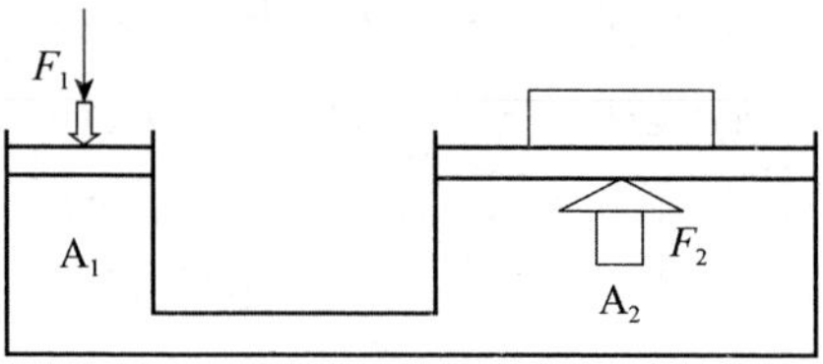

图 4-1　液压传动原理

有一点需要说明，如果液压缸 A_2 的活塞上没有负载，则在液压缸 A_1 的活塞上也无法施加 10kN 的外力。这是液压传动中一条很重要的原理：液压系统的压力取决于外部负载。

二、液压传动装置的工作原理与组成

液压传动是指利用密闭工作容积内液体压力能的传动。油压千斤顶就是一个简单的液压传动的实例。

图 4-2 是油压千斤顶的结构图。油压千斤顶的小油缸 1、大油缸 2、油箱 6 以及它们之间的连接通道构成一个密闭的容器，里面充满了液压油。在泄油阀 5 关闭的情况下，当提起手柄时，小油缸 1 的柱塞上移使其工作容积增大形成真空，油箱 6 里的油便在大气压的作用下通过滤油器 7 和单向阀 3 流入小油缸 1，压下手柄时，小油缸的柱塞下移，挤压其下腔的油液，这部分压力油便顶开单向阀 4 流入大油缸 2，推动大柱塞从而顶起重物。再提起手柄时，大油缸 2 内的压力油将力图倒流入小油缸 1，此时单向阀 4 自动关闭，使油不致倒流，这就保证了重物不致自动落下；压下手柄时，单向阀 3 自动关闭，使液压油不致倒流入油箱 6，而只能进入大油缸 2 以将重物顶起。这样，当手柄被反复提起和压下时，小油缸 1 不断交替进行吸油和排油过程，压力油不断进

入大油缸 2，将重物一点点地顶起。当需放下重物时，打开泄油阀 5，大油缸 2 的柱塞便在重物作用下下移，将大油缸 2 中的油液挤回油箱 6。

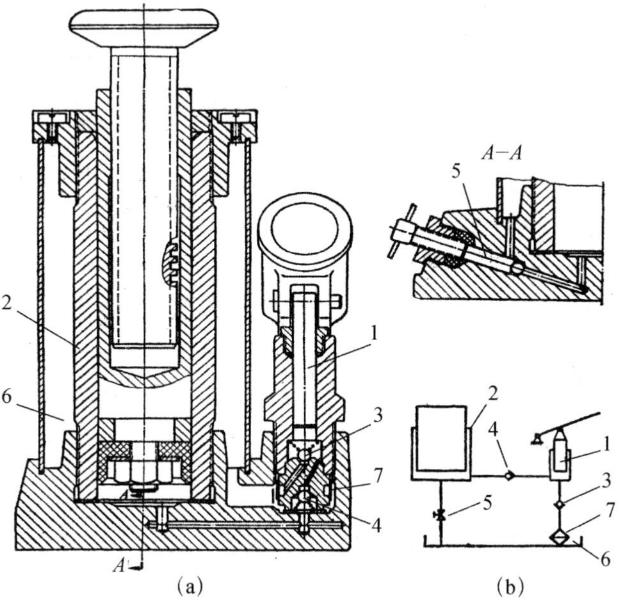

1—小油缸；2—大油缸；3、4—单向阀；5—泄油阀；6—油箱；7—滤油器。

图 4-2　油压千斤顶的结构与原理

由此可见，油压千斤顶工作需有两个条件：一是处于密闭容器内的液体由于大、小油缸工作容积的变化而能够流动；二是这些液体具有压力，能流动并具有一定压力的液体能做功，我们说它有压力能。油压千斤顶就是利用油液的压力能将手柄上的力和手柄的移动转变为顶起重物的力和重物在此力作用下的升起。小油缸 1 的作用是将手动的机械能转换为油液的压力能，大油缸 2 则将油液的压力能转换为顶起重物的机械能。

三、液压传动系统的组成

一个能完成能量传递的液压系统由五部分组成。

（一）动力部分

动力部分将机械能转换为压力能，为液压传动系统提供工作动力。动力部分的元件是液压泵，其职能是将机械能转换为液体的压力能，它是液压系统的动力元件。图 4-2 中油压千斤顶的小油缸 1 即起到液压泵的作用。

（二）工作部分

工作部分即执行元件，其职能是将液体的压力能转换为机械能。执行元件包括液压缸和液压马达，液压缸带动负荷做往复运动；液压马达带动负荷做旋转运动。图 4-2 中大油缸 2 就是液压千斤顶的执行元件。

（三）控制部分

控制部分即控制调节装置。根据液压传动系统工作的需要，对系统的压力、执行机构的运动速度、运动方向及动作顺序进行控制。这部分的元件有溢流阀、节流阀、换向阀、平衡阀及液压锁等。在液压系统中各种阀用于控制和调节各部分液体的压力、流量和方向，以满足机械的工作要求，完成一定的工作循环。图 4-2 中液压千斤顶的单向阀 3、4 和泄油阀 5 就是控制液流方向的。泄油阀 5 还可控制液流流量，从而控制重物下降的速度。

（四）辅助装置

辅助装置包括油箱、滤油器、油管及管接头、密封件、冷却器、蓄能器等。设计液压系统就是根据机械的工作要求合理地选择和设计上述各液压元件，并将它们合理地组合在一起，使之完成一定的工作循环。

（五）工作介质

工作介质充满在系统中，传递压力和能量，一般用洁净的油或水做工作介质。大部分液压系统使用油，这是由于油几乎是不可压缩的。同时，油可以在液压系统中起润滑剂的作用。

第三节　液压常用元件及系统图实例

液压系统中的主要元器件是液压泵、液压油缸、控制元件、油管和管接头、油箱和液压油滤清器等。现简单介绍以下几种：

一、液压泵

液压泵按构造可分为齿轮式液压泵、柱塞式液压泵和叶片式液压泵。塔机上的液压系统主要采用齿轮式液压泵和柱塞式液压泵，以齿轮式液压泵应用较为普遍。

二、液压油缸

液压油缸简称液压缸，是液压系统中的执行元件。从功能上来看，液压缸与液压马达都是把工作油流的压力能转变为机械能的转换装置。不同点在于，液压马达用于旋转运动，而液压缸则以压力能转换为直线运动。液压缸的特点是构造简单、工作可靠。

三、控制元件

在塔机液压系统中采用多种不同控制元件来操纵和控制工作油液的流向、压力和流量。根据控制职能的不同，液压控制阀可分为方向控制阀、压力控制阀和流量控制阀。

（一）方向控制阀

方向控制阀用来控制液压系统中油液的流向，操纵执行元件的运动（如动作、停止和改变运动方向）。按其功用，可分为单向阀和换向阀两大类。

（1）单向阀又叫止逆阀或止回阀，其功用是保证油液只能朝一个方向流动，不能更改方向。

（2）换向阀又称分配阀或换向滑阀，其职能是控制液压油液的流动方向，通过改变滑阀在阀体中的位置来接通不同的油路，使油液改变流向，从而改变执行元件的运动方向。

（二）压力控制阀

压力控制阀可根据调定的工作油流的压力而动作，其职能是控制和保护液压系统不被高压所损坏。属于压力控制阀类的控制元件有安全阀、溢流阀、限压阀和平衡阀等。

（三）流量控制阀

流量控制阀包括节流阀、限速阀和分流集流阀等，主要用于调节液压系统中的油液流量，使执行元件以一定速度运动。

液压系统由许多元件组成，如果用各元件的结构图来表达整个液压系统，则绘制起来非常复杂，而且往往难以将其原理表达清楚，因而实践中常以各种符号表示元件的职能，将各元件的符号用通路连接起来组成液压系统图以表示液压传动及控制系统的原理。图 4-2（b）就是油压千斤顶的结构与原理，图 4-3 是塔式起重机液压顶升系统。

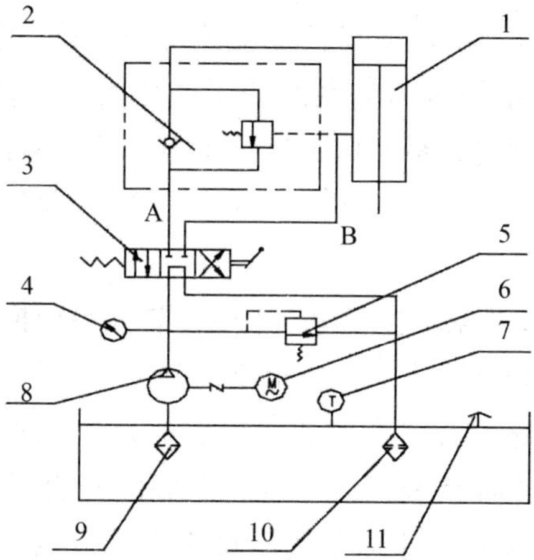

1—顶升油缸；2—平衡阀；3—手动换向阀；4—压力表；5—溢流阀；6—电动机；7—液位液温计；8—液压泵；9—吸油滤油器；10—回油滤油器；11—空气滤清器。

图 4-3 塔式起重机液压顶升系统

下面以塔式起重机顶升过程为例分析一下塔式起重机液压顶升系统的工作原理。

如图 4-3 所示，首先系统启动，电动机 6 通电，电动机通过联轴器驱动液压泵 8，油箱中的液压油经过吸油滤油器 9 被液压泵 8 吸入泵体内并通过加压向系统供给。此时的手动换向阀 3 处于初始的中位状态，泵出的液压油无须经过系统溢流阀 5，而直接通过换向阀内部中位油路和回油滤油器 10 返回油箱，系统处于泄荷状态。通过系统压力表 4 我们可以看到，处于泄荷状态时系统的压力为零。

当顶升开始时，将手动换向阀 3 手柄向后拉，换向阀阀芯右移，换向阀处于左位状态，泵出高压油通过换向阀进入平衡阀 2，再进入油缸 A 腔（无杆腔），此时油缸活塞杆徐徐伸出，处于油缸 B 腔（有杆腔）中的液压油通过换向阀 3 直接返回油箱。因为顶升状态时，系统油缸承受塔机上部的重力负荷，通过压力表 4，我们可以观测到系统压力为系统的工作压力。当油缸完全伸出后，油缸活塞被顶死，系统压力继续上升，达到溢流阀 5 调定压力（系统最高压力）。泵出液压油通过系统溢流阀 5 溢流，返回油箱。

顶升完毕后，要求油缸活塞杆回缩，前推手动换向阀 3 手柄，阀芯左移，换向阀处于右位，泵出高压油通过换向阀进入油缸 B 腔，同时通过旁路推开平衡阀 2，使 A 腔形成回油油路，油缸活塞杆徐徐回缩。此时系统压力接近平衡阀的开启压力。当完全回缩后油缸活塞被顶死，系统压力继续上升达到溢流阀 5 调定压力（系统最高压力）。泵出液压油通过系统溢流阀 5 溢流，返回油箱。

第四节　液压传动的特点

任何一部完整的机器都有动力部分和工作装置，能量从动力部分到工作装置的传递形式，如前所述可分为机械传动、电力传动、液压传动和气压传动四大类，此节我们讨论液压传动。

一、液压传动的主要优点

与上述各种传动形式相比，液压传动的主要优点是：

（1）易于大幅度减速，从而可获得较大的力和扭矩，并能实现较大范围的无级变速，使整个传动简化。易于实现直线往复运动，以直接驱动工作装置。各液压元件间可用管路连接，故安装位置自由度多，便于机械的总体布置。

（2）能容量大，即较小重量和尺寸的液压件可传递较大的功率。液压泵与同功率的电机相比外形尺寸为后者的12%～13%，重量为后者的10%～20%。这样，再加上前述优点就可以使整个机械的重量大大减轻。由于液压元件的结构紧凑、重量轻，而且液压油具有一定的吸振能力，所以液压系统的惯量小、启动快、工作平稳，易于实现快速而无冲击地变速与换向，应用于机械车辆上，可减少变速时的功率损失。

（3）液压系统易于实现安全保护，同时液压传动比机械传动操作简便、省力，因而可提高机械生产率和作业质量。

（4）液压传动的工作介质本身就是润滑油，可使各液压元件自行润滑，因而简化了机械的维护保养，并利于延长元件的使用寿命。

（5）液压元件易于实现标准化、系列化、通用化，便于组织专业性大批量生产，从而可提高生产率、提高产品质量、降低成本。

（6）与电、气配合，可设计出性能好、自动化程度高的传动及控制系统。

二、液压传动的缺点

事物都是一分为二的，在比较各种传动方式时，也要看到液压传动的缺点。

（1）液压油的泄漏难以避免，外漏会污染环境并造成液压油的浪费，内漏会降低传动效率，并影响传动的平稳性和准确性，因而液压传动不适用于要求定比传动的场合。液压传动比机械传动的效率低，这是许多机械传动还不能被液压传动取代的主要原因。

（2）液压油的黏度会随温度变化而变化，从而影响传动机构的工作性能，因此在低温及高温条件下，均不宜采用液压传动。

（3）由于液体流动中压力损失大，故不适用于远距离传动。

（4）零件加工质量要求高，因而目前液压元件成本较高。

第五节 液压油的使用常识

一、液体的黏度

液体在外力作用下流动时，液体内各层的运动速度不同。液体分子间的相互作用力在液体间产生内部摩擦力，以阻止液层间的相对滑动，这就是液体的黏性。液体的黏性大小用黏度表示。

液体的黏度是选择液压油的重要指标之一，液体黏度大小会影响液压系统的效率和寿命。液体黏度过大，内部摩擦力大，系统动作减慢，工作温度升高，系统的效率降低，且液压油易氧化变质。若液体黏度过小，则会引起液压系统的外部泄漏和内部泄漏，使系统的效率降低。

二、温度对液压油影响

液压油的黏度会随温度的变化而改变。工作温度高，黏度降低；工作温度低，黏度升高。因此，除按机械使用说明正确选用液压油外，在高寒地区或高温地区作业时，应按当地的工作温度对液压油的牌号进行相应的调整，以保证液压系统的工作效率和液压油的使用寿命。

三、液压油的失效形式

在液压系统中，液压油既是传递压力和能量的介质，又承担液压元件的润滑和液压系统散热等多项职能。经过一定时间的使用后液压油则会因各种原因而失效，失效的形式主要有以下几种：

（1）污染：密封件磨损产生的橡胶及金属微粒和外部粉尘都会对液压油造成污染，使液压油的洁净度变差，当污染严重时，会磨损液压件、损坏液压密封件。

（2）氧化变质：液压油与空气接触后发生化学反应，油液的物理和化学性能都要发生变化。油液的颜色逐渐变深，黏度增大，酸值升高，这就是油液的氧化变质。一般液压油都有较的强抗氧化性，但工作温度过高及油液中的金属微粒都会加快液压油的氧化变质。

（3）乳化变质：液压油中混入一定量的水，经搅动后油液会变成乳白色的液体，这就是液压油的乳化变质。

四、液压油的合理选择及使用

液压油应按机械制造厂家在产品使用手册中指定的规格选用。如确实需要代用，应选择黏度、黏度指数、抗氧化安定性等技术指标接近的油品代用。

使用中应注意以下事项：

（1）注液压油的容器应保持洁净（最好专用）。

（2）定期清洁液压油滤清器。

（3）定期检查液压油油质。

（4）液压油油量不足需添加时，应选用同一厂家、同一规格的油品加入。不得将不同厂家、不同规格的油品混用。

（5）更换液压油时，应将液压系统中的旧油放干净，用少量干净的油将系统清洗干净后再加入新油。

专业技术篇

第五章　塔式起重机的分类及基本技术参数

第一节　塔式起重机的分类

塔式起重机（以下简称“塔机”）种类繁多、形式各异、大小不一，性能也不尽相同。但通过分析可以发现它们之间存在着共同之处。下面按塔机的构造和使用特点分类如下：

一、按照回转部分装设的位置不同分类

（一）上回转塔机

上回转塔机的回转支承装设在塔机上部，其特点是塔身不转动，在回转部分与塔身之间装有回转支承装置，这种装置既将上、下两部分系为一体，又允许上、下两部分相对回转。

图 5-1 为上回转塔机（塔尖式）。塔身顶部连同起重臂等能相对塔身并绕其轴线进行回转。塔顶用轴承式回转支承与塔身连接。塔顶端部用拉杆连接吊臂和平衡臂。此种构造形式多用于自升式塔机上，是目前高层建筑工地流行使用的机型。

图 5-1　上回转塔机

（二）下回转塔机

下回转塔机是指回转部分装在塔机的下部，吊臂装在塔身顶部，塔身、平衡重和所有的机构装在转台上，并与转台一起回转的塔机，如图 5-2 所示。此种塔机除了具有重心低、稳定性好，塔身受力较有利的好处外，最大的优点是因平衡重放在下部，能做到自行架设、整体搬运。

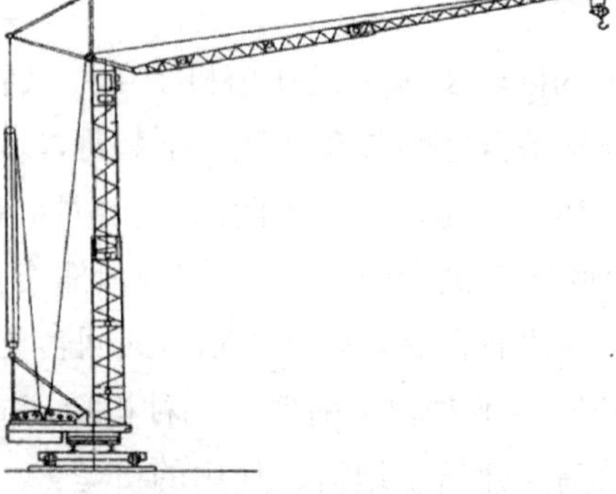

图 5-2　下回转塔机

二、按照塔机有无运行机构分类

（一）移动式塔机

移动式塔机是指具有行走装置，可以移动的塔机，最为常见的移动塔机形式是轨道式。

轨道式塔机是指在轨道上运行的塔机，它用刚性车轮把塔机支撑在临时性的轨道上，轨道铺设在碎石与枕木上，或直接铺设在用钢板焊成的承轨箱上。塔机可在一个较长的区域范围内进行水平运输，也可转弯行驶，故能适应不同造型建筑物的需要。其最大特点是可带载行走，有利于提高生产效率。

（二）固定式塔机

固定式塔机是指连接件将塔身基础固定在地基基础或结构上，进行起重作业的塔机。由于没有运行机构，因此塔机机体不能做任何移动。其中，以自升式塔机最为典型，所谓自升式是指可以依靠自身的专门装置增、减塔身标准节或自行整体爬升的塔机。其中，它又可以分为附着式塔机和内爬式塔机两种。

附着式塔机是指按一定间隔距离通过支撑装置将塔身锚固在建筑物上的自升式塔机，如图 5-3 所示。它由普通上回转塔机发展而来，塔身上配置了顶升套架，塔身上部装有回转机构，回转机构上部与塔顶相连，塔顶端部用拉杆连接吊臂和平衡臂，起升机构（主卷扬）安装在平衡臂上，小车牵引（变幅）机构装在水平吊臂上。详细内容见第六章。

内爬式塔机是指安装在建筑物内部的预留洞口处，通过支承在结构物上的专门装置（爬升机构），整机能随着建筑物的高度增加而升高的塔机，如图 5-4 所示。由于建筑物可作为塔机的直接支承装置，所以塔机的塔身不用太长，而构造上则与普通上回转塔机基本相同。内爬式塔机因安装于建筑物内部，故不占用建筑物外围的空间场地，且吊钩能绕其回转轴线做 360°回转，工作覆盖面大，同时利用爬升机构向上爬升，作业高度不受限制。

图 5-3　附着式塔机

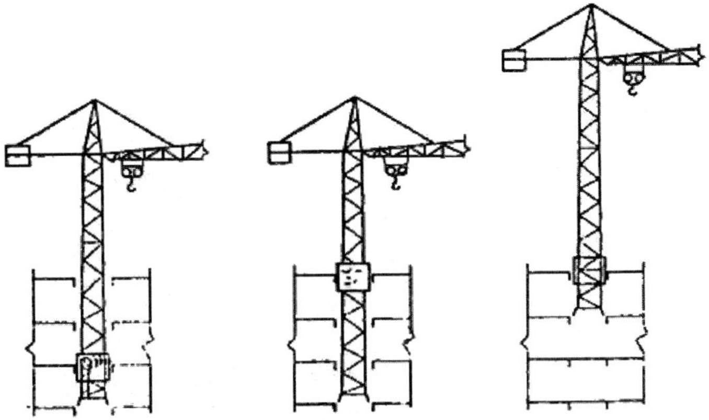

(a) 准备爬升　　(b) 提升套架　　(c) 提升起重机

图 5-4　内爬式塔机

内爬式塔机也有其缺点：建筑工程结束后，塔机要在建筑物顶上先行解体，再利用其他辅助起重设备一件一件地从顶部吊到地面上，因此费工费时；当塔机受到建筑物结构形式或施工工艺限制，只能安装在建筑物承载能力不大的构件上时，为了能支承住塔机，必须对薄弱的承载构件给予局部加强；安装内爬式塔机时必须考虑固定塔机需要安装预埋螺栓等复杂因素。

除了上面提到的塔机安装于建筑物内部的内爬形式，近年来在超高层建筑中还使用一种内爬外挂式的内爬塔机安装形式，如图 5-5 所示，内爬外挂式塔机施工技术通过一套可循环周转的外挂支撑体系将塔机悬挂于建筑物外壁，既能随建筑物施工进度持续爬升，又避免了塔身穿过楼板等不利因素；另一方面，内爬外挂式塔机施工技术克服了建筑物内平面尺寸偏小，不能布置两台及以上塔机的问题，同时，与传统内爬式塔机相比，塔机依附于建筑物外壁，使塔机更靠近外框钢结构，更能充分发挥塔机的机械效率，也符合现代超高层建筑广泛采用的“钢筋混凝土核心筒—钢结构外框架”的建筑结构形式。

图 5-5　内爬外挂式塔机

三、按照塔机变幅方式不同分类

（一）水平臂小车变幅塔机

水平臂小车变幅塔机分为尖头式塔机和平头式塔机两种，分别如图 5-6、图 5-7 所示。

水平臂小车变幅塔机是指通过起重小车沿起重臂运行进行变幅的塔机，这类塔机的起重臂架固定在水平位置，变幅小车悬挂于臂架下弦杆上，两端分别和变幅卷扬机的钢丝绳连接。在变幅小车上装有起升滑轮组，当收放变幅钢丝绳拖动变幅小车移动时，起升滑轮组也随移而动，以此方法来改变吊钩的幅度。它的优点是幅度利用率高，而且变幅时所吊重物在不同幅度时高度不变，工作平稳，便于安装就位。其缺点是臂架受力以弯矩为主，故臂架重量比动臂变幅臂架的重量稍大。另外，在同样塔身高度的情况下，小车变幅塔机比动臂变幅塔机的起重高度利用范围小。

图 5-6　尖头式塔机

图 5-7　平头式塔机

（二）动臂变幅塔机

动臂变幅塔机是指通过臂架俯仰运动进行变幅的塔机，如图 5-8 所示。幅度的改变是利用变幅卷扬机和变幅滑轮组系统来实现的。这种变幅方式的优点是，臂架受力状态良好，自重轻。当塔身高度一样时，与其他类型塔机相比，具有一定的起升高度优势。

图 5-8　动臂变幅塔机

（三）综合变幅塔机

综合变幅塔机是根据作业的需要，其臂架可以弯折的塔机，如图 5-9 所示。它同时具备动臂变幅和小车变幅的功能，这种变幅采用的是一套折臂式组合式臂架系统，从而在起升高度与幅度上弥补了上述两种塔机使用范围的局限。

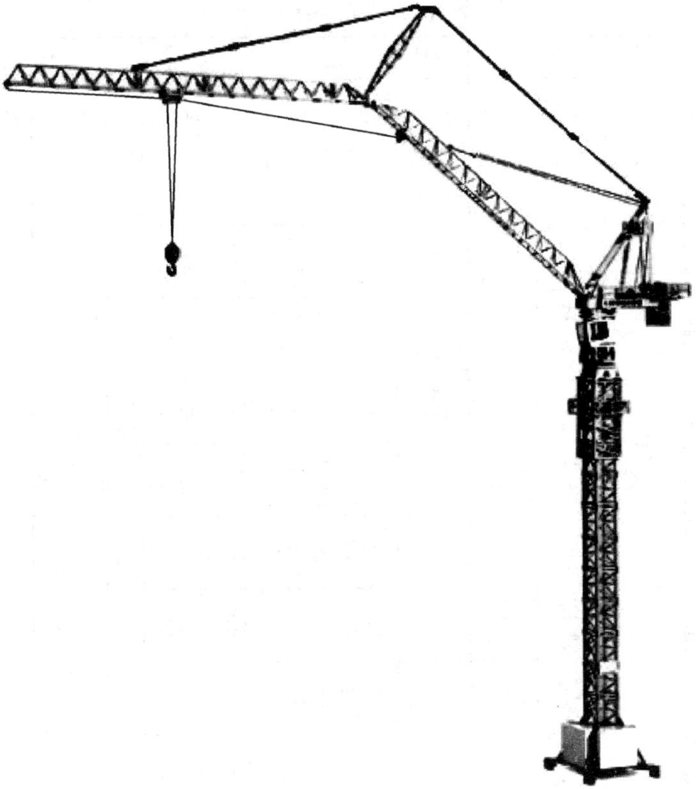

图 5-9　综合变幅塔机

四、行业标准关于塔机的分类方法

（一）相关规范中的标记方式

《建筑机械与设备产品分类及型号》（JG/T 5093—1997）标准已于 2013 年 10 月作废，但市场中仍有大量设备按此规范命名，摘录其中相关内容见表 5-1，本表供读者参考。

表 5-1　产品分类及型号

类	组		型号		特性	产品		主参数代号		
名称	名称	代号	名称	代号	代号	名称	代号	名称	单位	主参数
建筑起重机	塔式起重机	QT（起塔）	轨道式	—	—	上回转塔式起重机	QT	额定起重力矩	kN·m	主参数 $\times 10^{-1}$
					Z（自）	上回转自升塔式起重机	QTZ			
					A（下）	下回转塔式起重机	QTA			
					K（快）	快装塔式起重机	QTK			
			固定式	G（固）	—	固定式塔式起重机	QTG			
			汽车式	Q（汽）	—	汽车塔式起重机	QTQ			
			轮胎式	L（轮）	—	轮胎塔式起重机	QTL			
			履带式	U（履）	—	履带塔式起重机	QTU			
			组合式	H（合）	—	组合塔式起重机	QTH			

型号编制方法：

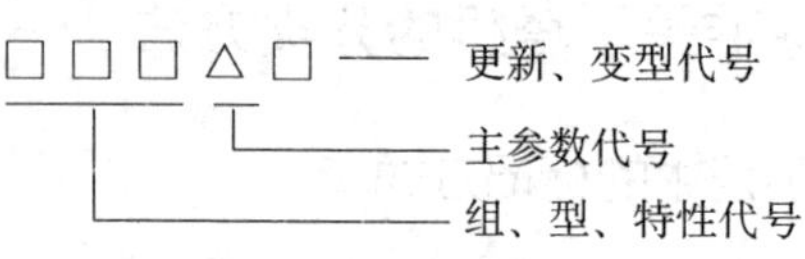

标记示例：公称起重力矩为 800kN·m 的上回转自升式塔式起重机标记为 QTZ80。

（二）实际中常用的标记方式

现在有些塔机厂家把塔机最大臂长（m）与臂端（最大幅度）

处所能吊起的额定起重量（kN）两个主参数作为塔机型号的标记，这种标记虽然没有依据标准，但能直观地反映塔机起吊的性能。例如，某种 QTZ80 型塔机，它的又一标记为 TC5613，其含义是：

T C 56 13——臂端起重量13kN（1.3t）
- 56——最大臂长56m
- C——起重机英文第一个字母（Crane）
- T——塔机的英文第一个字母（Tower）

第二节　塔式起重机的基本技术参数

塔机的参数是指直接影响塔机的工作性能、结构设计及其制造成本的各种参数。

一、塔式起重机的基本参数的概念

《塔式起重机》（GB/T 5031—2008）中的基本参数。

1. 最大起重力矩

最大起重力矩是最大额定起重量重力与其在设计确定的各种组合臂长中所能达到的最大工作幅度的乘积。

2. 起升高度

塔机运行或固定独立状态时，空载、塔身处于最大高度、吊钩处于最小幅度处，吊钩支承面对塔机基准面的允许最大垂直距离是塔机起升高度。

对动臂变幅塔机，起升高度分为最大幅度时起升高度和最小幅度时起升高度。

3. 起升速度

起吊各稳定运行速度档对应的最大额定起重量，吊钩上升过程中稳定运动状态下的上升速度是塔机起升速度。

4. 小车变幅速度

对小车变幅塔机，起吊最大幅度时的额定起重量、风速小于 3 m/s 时，小车稳定运行的速度是塔机小车变幅速度。

5. 全程变幅时间

对动臂变幅塔机，起吊最大幅度时的额定起重量、风速小于 3 m/s 时，臂架仰角从最小角度到最大角度所需的时间是塔机全程变幅时间。

6. 回转速度

塔机在最大额定起重力矩载荷状态、风速小于 3 m/s、吊钩位于最大高度时的稳定回转速度是塔机的回转速度。

7. 慢降速度

起升滑轮组为最小倍率，吊有该倍率允许的最大额定起重量，吊钩稳定下降时的最低速度是塔机的慢降速度。

8. 运行速度

空载、风速小于 3 m/s，起重臂平行于轨道方向时塔机稳定运行的速度是塔机运行速度。

二、塔机的起重特性曲线

以小车变幅的塔机为例，塔机小车在吊臂上做前后运动，也就是平时所说的“变幅”，这种变幅实际上能够改变起吊物在吊臂上投影的位置。在同一台塔吊上，小车离塔身越远，起吊能力就越低，就如一个人拿起一件重物，手臂伸得越开感觉越吃力。所以，起吊物与塔身的水平距离就是力臂的长度，塔吊的起重能力是以力矩来衡量的，因而小车在吊臂上位于不同位置时，其起重能力是不同的，这种起重能力可通过起重特性曲线表示，如图 5-10 所示。

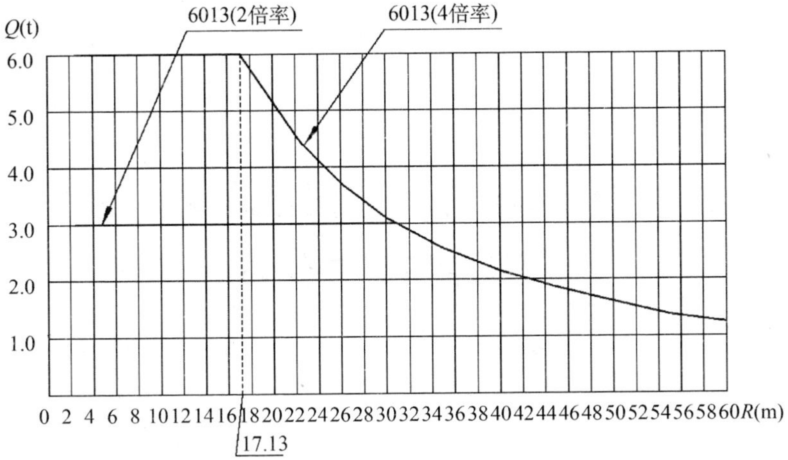

图 5-10　起重特性曲线

起重特性曲线是表示起重量随幅度改变的曲线，规定直角坐标系的横坐标为幅度，纵坐标为额定起重量。

第六章　塔式起重机的基本结构及安全技术要求

塔式起重机的品种、型号、规格很多。下面就建筑工地使用比较普遍的上回转塔式起重机进行介绍。

第一节　塔式起重机的主体结构

上回转塔式起重机是回转支承在塔身顶部的起重机，尽管其设计型号各种各样，但其基本构造大体相同。整台的上回转塔机主要由金属结构、工作机构、液压顶升系统、电气控制系统及安全保护装置五大部分组成，每一部分又都包含多个部件。这里只对其基本组成及部件的作用和特点做典型介绍。

塔机的金属结构是整台塔机的支撑架，其设计制作的好坏，直接关系到整台塔机的使用性能和使用寿命，也关系到施工工地中工作人员的生命和财产安全。

上回转塔机的金属结构主要包括底架、塔身、回转下支座、回转上支座、工作平台、回转塔身、起重臂、平衡臂、塔顶、驾驶室、变幅小车等部件。但自升式塔机要加爬升套架，内爬式塔机要加爬升装置，行走式塔机要增加行走台车，附着式塔机要加附着架，这些增加的装置大多以金属结构为主。图 6-1 为一台带有顶升的上回转塔机，可以作为典型的塔机构造示意图。

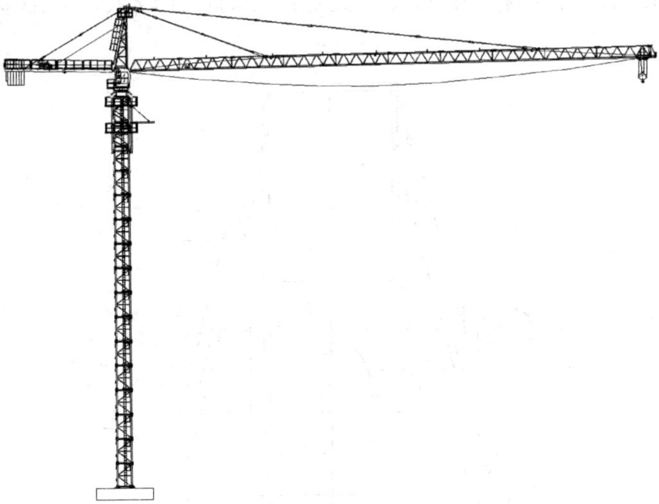

图 6-1　自升式塔机

一、底架

底架一般由十字底梁、基础节、底节及四根撑杆组成，如图 6-2 所示。十字底梁由一根整梁和两根半梁用螺栓或销轴连接而成。这样的构造可以使塔机的倾翻线外移，增加稳定性，减少压重，也便于增加行走台车。基础节位于十字底梁的中心位置，用高强度螺栓与十字底梁连接。基础节内可装电源总开关，其外侧可放置压重。底节位于基础节上，用高强度螺栓与基础节相连，其四角主弦杆上布置有可拆卸的撑杆耳座。四根撑杆为两端焊有连接耳板的无缝钢管，上、下连接耳板用销轴分别与底节和十字底梁四角的耳板相连。当塔身传来的弯矩到达底节时，撑杆可以分担相当一部分力矩，以减少底节的倾斜变位。这种底架构造合理，装拆和运输都很方便。固定式塔机的底梁用地脚螺栓固定在地基上，中间有支点，受力条件好，故可以做得小一些；而行走式塔机的底梁仅在行走台车的顶部有支撑，中间没有支点，受的弯矩较大，故必须做得大一些。

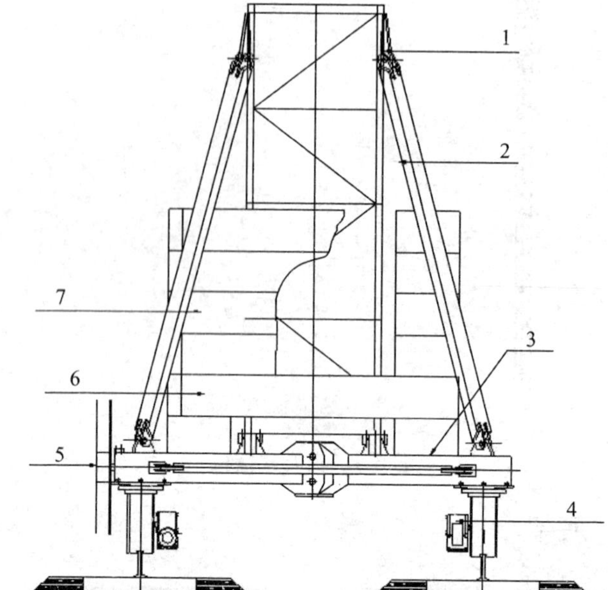

1—基础节；2—撑杆；3—十字底梁；4—行走电机和减速器；5—电缆卷绳器；6—条形压重；7—梯形压重。

图 6-2　底架

二、塔身（标准节）

上回转塔机的塔身通常由多个标准节组成。所谓标准节，就是一段长、宽、高都统一的塔身，具有互换性。但由于塔身上、下受的风力、倾覆力矩、水平力、压力不同，所以有上塔身标准节和下塔身标准节之分。一般上塔身标准节轻、下塔身标准节（加强节）重，标准节的构造如图 6-3、图 6-4 所示。上回转塔机的塔身以受弯为主、受压为辅这一突出的结构特点，决定了塔身必须结实，有足够的强度、刚度和局部失稳的储备，因此塔身是塔机的关键部件。

图 6-3　片式标准节

图 6-4　整体式标准节

三、爬升套架

上回转自升式塔机一定要有顶升套架。顶升套架分为外爬升套架和内爬升套架两种，如图 6-5、图 6-6 所示。一般整体式标准节都用外套架，片式塔身顶升用内套架。但有的片式塔身到工地后，先装成整体标准节，在顶升加节也用外套架。这里只介绍外套架，因为它最典型、最有代表性。

图 6-5　外爬升套架

图 6-6　内爬升套架

顶升系统主要由顶升套架、顶升作业平台和液压顶升装置组成，用来完成加高的顶升加节工作。可以顶升加节是自升式塔机的最大特点，这就是它能适应不同高度建筑物的主要原因。在我国自升式塔机占据绝对优势。

外套架就是套架本体套在塔身的外部。套架本体是一个空间衔架结构，其内侧布置有多个滚轮或滑板，顶升时滚轮或滑板沿塔身的主弦杆外侧移动，起导向支承作用。

套架的上端用螺栓或销轴与回转下支座的外伸腿相连接。其前方的上半部没有焊腹杆，而是引入门框，因此其主弦必须做特殊的加强，以防止侧向局部失稳。门框内装有两根引入导轨，以便于塔身标准节的引入。顶升油缸吊装于套架后方的横梁上，下端活塞杆端有顶升扁担梁，通过扁担梁把压力传到塔身的踏步上，实现顶升作业。液压泵站固定在套架的工作平台上。操作人员在平台上操作顶升液压系统，进行作业，引入标准节和紧固塔身的连接螺栓。

顶升作业时，通过调整小车位置或吊起一个标准节作配重的方法，尽量做到上部顶升部分的重心落在靠近油缸中心线的位置，这样上面的附加力矩小，作业最安全。臂架一定要回转制动，不许风力使其回转。最忌讳的是套架前主弦压力过大，可能发生侧向局部失稳，这是很危险的，易于引发倒塔事故。

四、上下回转支座及回转支承

塔机的回转是借助回转机构驱动回转上支座相对于回转下支座旋转。上、下回转支座之间有回转支承，它实际上是一个大轴承，能承受压力和弯矩，把滑动摩擦变为滚动摩擦。回转下支座与回转支承外圈连接，它的四个角又与塔身主弦杆连接；回转上支座与回转支承的内圈连接，其上有回转塔身、工作平台、驾驶室等。回转塔身上面接塔顶，前面是起重臂，后面是平衡臂，只要回转上支座一转，就带动上面所有部件同时回转，所以把这些部件合称为回转塔架系统。

上、下回转支座为板结构，都属于由板焊接成的复杂结构件（如图 6-7 所示）。大体上外方内圆，上、下盖板承受平面拉压应力，侧板和筋板承受剪力。来自回转塔身的不平衡力矩，通过主弦杆传到回转上支座，再通过内圈连接螺栓传到回转支承，又通过外圈连接螺栓传到回转下支座，最后通过主弦杆的连接螺栓传到塔身底部。上、下回转支座都要求刚性好，变形小，否则难以保持连接面的平面位置，将增加回转阻力，而且会使回转塔身和塔顶的腹杆产生额外的剪力，回转塔身主弦杆会产生局部弯曲，在交变状态下易发生疲劳破坏，甚至发生倒塔事故，要引起高度注意。

图 6-7　上下回转支座

五、回转塔身和塔顶

如图 6-8、图 6-9 所示分别为回转塔身和塔顶，都是桁架式构件，通过它们把起重臂的起重力矩和平衡臂的平衡力矩传到回转上支座。空车状态，不平衡力矩向后倾；满载状态，不平衡力矩向前倾，所以回转塔身和塔顶经常受到交变载荷，但它们的主弦杆内力不会受回转角度的影响，这一点与塔身受力性质不同。

六、起重臂

塔式起重机的起重臂，有水平臂小车变幅式和动臂变幅式之分，这里只介绍水平臂小车变幅式起重臂。

水平臂小车变幅式起重臂由多节组成，通过去掉若干臂节即成不同的臂长，如图 6-10 所示。由于起重臂受力的复杂性，各节臂不允许交换位置，必须按规定的顺序排列。节与节之间用销轴连接起来，拆装运输都很方便。

图 6-8　回转塔身

图 6-9　塔顶

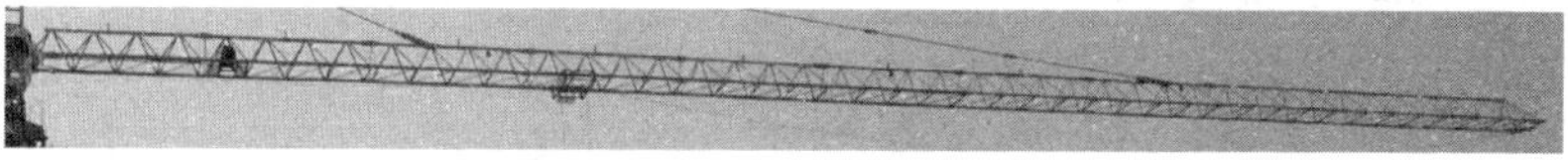

图 6-10　起重臂总成

水平臂小车变幅起重臂的横截面多为等腰三角形，如图 6-11 所示。上弦杆可采用无缝钢管、角钢或实心圆钢结构，斜腹杆和水平腹杆采用无缝钢管和角钢结构，两根下弦杆为槽钢或方管。因为下弦杆要兼作牵引小车的运行轨道，故其表面处于同一水平面内，侧表面应处于同一铅垂面内，以减少小车行走的冲击。

图 6-11　起重臂臂节

七、平衡臂

平衡臂是用来搁置平衡重、起升机构、电控柜等设施用的，它是由工字钢、槽钢、方钢管或角钢组焊而成的平面框架或空间桁架，如图 6-12、图 6-13 所示。其上设有走道和防护栏杆，便于人员在上面进行安装和检修作业。上回转塔机的平衡臂相对较长，一般约为起重臂长的 1/4。全臂一般分为前后两节，节间用销轴连接。其根部用销轴与回转塔身相连，尾部通过平衡拉杆与塔顶相连。平衡重搁置在尾部，起升机构也靠后方布置，电控柜靠前方。这样布置平衡效果最好，而且便于检查、维护和管理。

八、附着架

当自升式塔机在达到其自由高度需要继续向上顶升接高时，为了增加塔身的稳固能力，必须通过锚固装置附着在建筑结构上，如图 6-14 所示。塔机附带的使用说明书中有具体的要求，应严格遵照执行。

塔机附着装置由锚固环和附着撑杆组成。锚固环多用钢板组焊成箱形结构。锚固环根据附着点的布置，装设在塔身结构水平腹杆节点上。通过它们将起重机塔身锚固在建筑物上，以增加塔身的刚度和整体稳定性。撑杆的长度可以调整，以满足塔身中心线到建筑物的距离限制。通常这个距离以 3.5～5m 设计，但在很多工地受裙楼或其他障碍限制，需要加大附着距离，有的达到十几米远。这时附着架受力性质有很大改变，受弯矩增大，受压能力降低，易失稳，一定要经过专业人员另行设计。

图 6-12 片式平衡臂

图 6-13 桁架式平衡臂

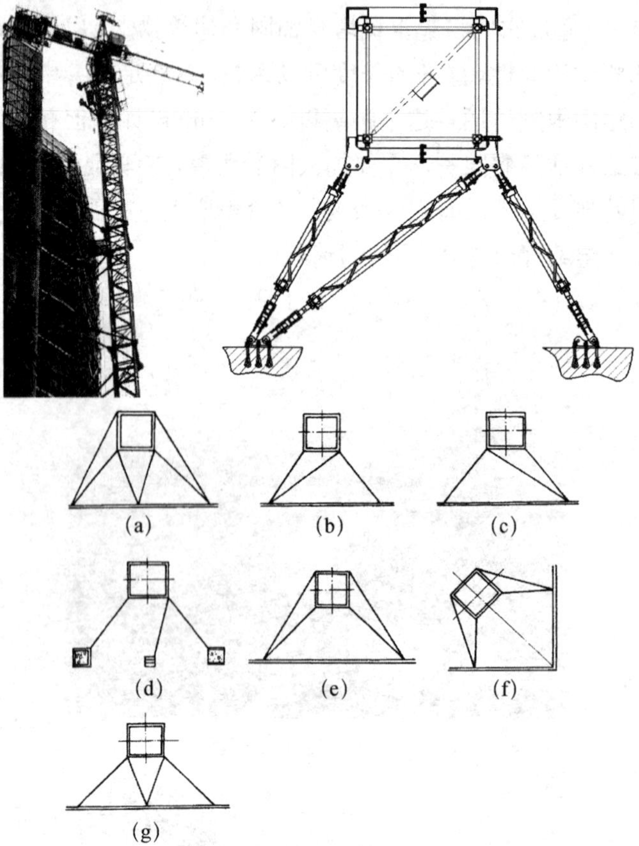

图 6-14　塔机的附着及常见附着结构

第二节　塔式起重机的工作机构

塔式起重机的工作机构包括起升机构、回转机构、变幅机构、液压顶升机构、塔机行走机构等，一般只涉及前面的三个机构，只有行走式塔机才有塔机行走机构。

一、起升机构

起升机构是塔式起重机功率最大的机构，调速范围广、重载下工作。起升机构实际上就是一台可调速的卷扬机，功能就是起吊物品。其主要组成部分有电机、变速箱、制动器、卷筒、底架、轴承座和安全装置等。塔机起升机构相对一般卷扬机来说，又有其特殊之处，主要是起吊高度高、容绳量大、起升速度快、慢就位、可调速范围大、钢丝绳要换倍率工作。在不同速度档次下允许的起重量不一样，所以安全保护装置比普通卷扬机复杂，既要限制起重量，又要限位。尤其是对上回转自升式塔机，以上特殊要求更为突出。

为了满足塔式起重机工作的上述要求，人们已开发出多种多样的起升机构，每种形式各有其特点。下面介绍两种常用的起升机构形式。

1. π形布置的起升机构

π形布置是最传统的布置，也是使用最多的布置形式，如图 6-15 所示。其优点是可以使用普通的圆柱齿轮减速机，有大批量生产供货来源，成本低。缺点是电机与卷筒平行，减速机的中心距限制了卷筒的直径。对小容绳量的卷扬机，还勉强可用，但对大容绳量的起升机构，卷筒只能做得小而长。这种起升机构绕绳半径小，钢丝绳回弹力大，起升绳偏摆角大，很容易乱绳，钢丝绳弯曲应力大，容易发生疲劳断裂。

2. L 形布置的起升机构

L 形布置的传动路线必须有 90°的折转，也就是卷筒轴线与电机轴线成 90°，如图 6-16 所示。这样就避免了电机对卷筒的限制，卷筒直径可以加大，做成大而短的卷筒，可以克服 π 形布置的缺点，这是 L 形布置的主要优点。然而，L 形布置也有缺点，一是减速机内有一对螺旋伞齿轮，正是靠它来改变传动方向，但该齿轮制造成本及精度要求较高；二是电机、制动器、减速机都在卷筒的同一侧，如果要卷筒对中，单边受载比较严重，对平衡臂受载不利。

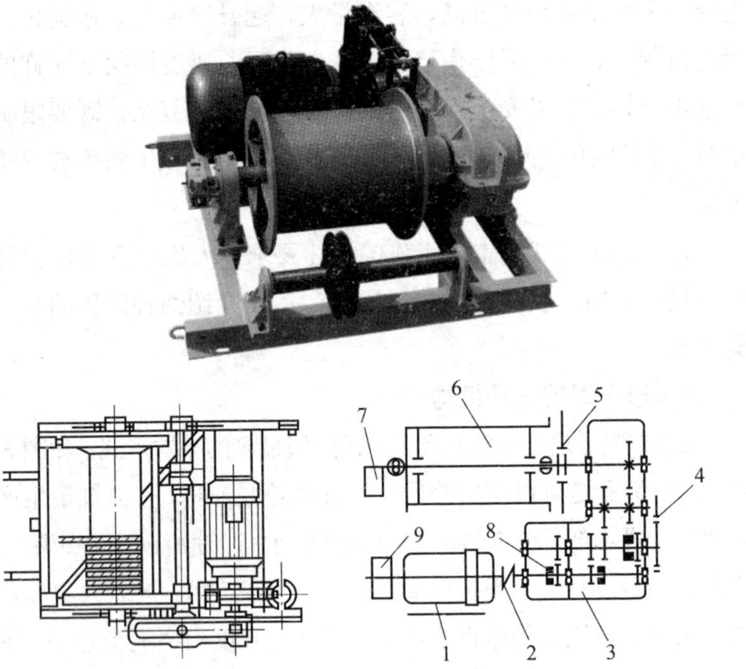

1—电动机；2—联轴器；3—变速箱；4—常闭式液力推杆制动器；
5—带制动器的联轴器；6—卷筒；7—高度限位器；8—滚动轴承；9—涡流制动器。

图 6-15　π形布置的起升机构

图 6-16　L 形布置的起升机构

二、回转机构

塔式起重机是靠起重臂回转来保障其工作覆盖面的。回转运动的产生是通过上、下回转支座分别装在回转支承的内外圈上，并由回转机构驱动小齿轮，小齿轮与回转支承的大齿圈啮合，带动回转上支座相对于下支座运动。

图 6-17　回转机构

回转支承相当于一个既承受正压力，又承受弯矩的大平面轴承，由专用制造厂生产。每种回转支承要有承受正压力和力矩的能力，而回转机构要提供足够的动力，推动回转上支座及其以上所有组成零部件进行回转。由于塔机回转惯性很大，回转启动、制动时往往会有惯性冲击。为了保证回转平稳，回转机构工作特性要软，回转加速度一定要小。通常回转机构由回转电动机、液力耦合器、回转制动器、回转减速机和小齿轮等组成，大体构造如图 6-17 所示。

三、变幅机构

现代塔机绝大多数都采用臂架上挂载重小车的形式来实现变幅，也就是由小车变幅机构牵引载重小车，在臂架上往复运动，以实现吊钩和重物工作幅度的改变，所以变幅机构也叫牵引机构，如图 6-18 所示。小车变幅是一种水平移动，移动的对象为小车、吊钩和重物。变幅机构通常装在臂架里面，由电机、减速机、制动器、卷筒和机架组成。但对于蜗轮蜗杆减速机，由于其自锁性，断电后能自动停车，不会过多溜车，因此可以不再加制动器。

图 6-18　变幅机构

现有塔机的变幅机构，构造形式较多，包括π形布置、立式 L 形布置、一字形布置、减速机内置式等。

（1）π形布置：这是早期的布置形式，减速机为普通蜗轮蜗杆，电机通过皮带轮减速后再输入减速机，可降低蜗轮蜗杆输入转速，减少磨损和发热。

（2）立式 L 形布置：立式电机直联在蜗轮蜗杆减速机上，可不带制动器，结构很紧凑，但输入转速较高，对蜗轮蜗杆磨损不利。

（3）一字形布置：电机、减速机、卷筒和轴承座在一条直线上。电机尾部带盘式制动器，或用锥形转子电机。减速机往往是摆线针轮或行星齿轮减速机。该结构传动效率高，磨损小，用得也较多。电机尾部悬出臂架外。

（4）减速机内置式：其构造属于一字形，把减速机置于卷筒内部，卷筒夹住减速机输出轴旋转。电机尾部带制动盘，其伸出轴通过一传动套带动减速机的输入轴，套外有轴承卷筒并支于轴承座上。轴承座带法兰盘，可直联电机。这种机构结构紧凑，效率高，目前应用最多。

四、液压顶升机构

液压顶升机构由电动机驱动油泵，液压油经手动换向阀、平衡阀进入液压缸，使液压缸伸缩，实现塔机上部的升降，此机构与爬升架上两个活动爬爪配合工作，塔机能自行顶升接高或拆降。液压顶升机构工作平稳，操作简单方便，安全可靠，在工作行程中可使其停留在任何位置，以便塔身标准节的安装和拆卸。

塔机安装时，先将油缸顶升横梁组装在一起，再与爬升架连接，随爬升架安装，为了防止油缸摆动，应将其组件与爬升架临时固定。

液压泵站（包括油箱、电动机和换向阀等）待塔机基础节安装后，吊运到爬升架平台上，随爬升架一起安装，然后拆除液压缸组件与爬升架的临时固定，再连接两根高压软管，各方面检查无误后，方可试车，先使液压缸无载伸缩数次，检查有无异常现象，并排除液压系统内空气。

常见的塔式起重机液压顶升机构原理如图 6-19 所示，外形结构如图 6-20 所示，由油缸、泵等元件构成。

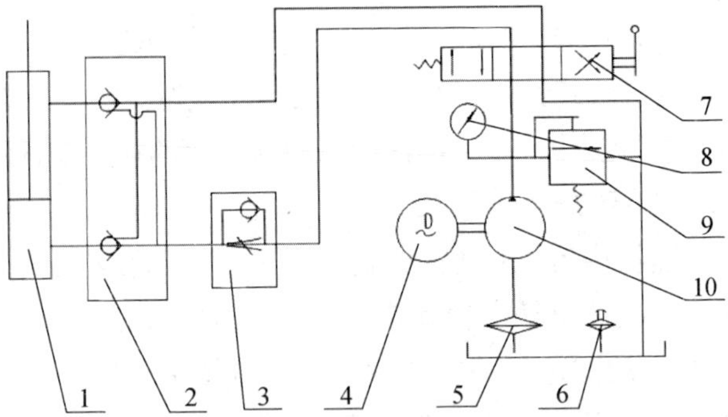

1—油缸；2—双向液控锁（或平衡阀）；3—单向节流阀；4—电机；
5—滤油器；6—空气滤清器；7—手动阀；8—压力表；9—溢流阀；10—泵。

图 6-19　液压顶升机构原理

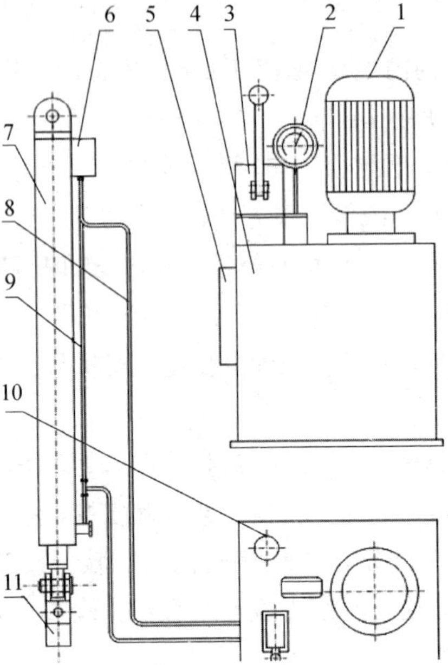

1—电动机；2—压力表及溢流阀；3—手动换向阀；4—油箱；5—油标；
6—平衡阀；7—油缸；8—高压软管；9—油管；10—注油口；11—顶升横梁。

图 6-20　液压顶升机构外形结构

五、塔机行走机构

塔式起重机是高耸的机械设备，因此防止其倾倒是非常重要的，故其只能在水平轨道上行走。塔机行走机构的驱动方式分为集中驱动和分别驱动两大类。集中驱动是由一台电动机带动两组主动轮，使塔机在轨道上行走。它又分为单边驱动和双边驱动。单边驱动的主动轮布置在轨道的同一侧，从动轮在另一侧，对弯曲轨道行走有利；双边驱动的主动轮分布在轨道的两侧，呈对称布置，适合于直线轨道运行。分别驱动是两个电机和两个减速机分别带动运行。

第三节　塔式起重机的电控系统安全要求

塔式起重机的电控系统是指挥系统，是塔机的神经中枢，其性能与质量直接决定一台塔机的性能。据统计，塔机运行中的故障有70%以上出现在电控系统，所以，学习和掌握电控系统的原理和基本知识很重要。

塔式起重机的电路系统，由动力电路和控制电路两大部分组成，这和其他电力拖动系统差不多。但塔机的工作环境、工作条件和需要完成的任务，又决定了它与其他电力拖动系统有所不同。

一、塔式起重机对电气系统的要求

（1）塔式起重机长期在野外工作，环境条件很差，所有的元件易于老化、失去绝缘性能或者锈蚀、接触不良，因此塔式起重机电控系统不适用于一般的室内电路系统元件。

（2）塔机作业是高空作业，危险性大，安全要求高。这就决定了塔机电气系统的元件，可靠性要高。如果故障率过高，关键时刻操作失灵的概率增加，就容易发生事故。

（3）塔式起重机作业范围大，调速范围宽，高速与低速比值可达到十几倍，这就对交流调速提出了较高的要求。

（4）塔机的起升系统是满载启动，空中提升，既要克服重力，又要克服惯性力，所以启动性能要好。不仅启动力矩要够，而且启动电流冲击不能太大。加上塔机常常用变极调速，切换速度就是重新启动，普通电机适应不了这一要求，常规启动方法也不能使用。因此启动方法也是电控系统中的一个重要环节。

（5）塔机回转机构、行走机构，都是惯性力特大的拖动机构，既要平稳启动，又不能快速制动。它的拖动特性要软，变速要柔和，这也对电气系统提出特殊要求。

（6）由于塔机安全要求较高，正确的操作程序和防止失误就显得特别重要。

（7）为了保障塔机安全运行，安全保护装置设置较多，这些保护装置大多与电控限位开关有关，而且电控系统本身还有自己的安全保护措施。

二、塔式起重机的电气保护装置

塔式起重机的电气系统装有多个电气保护装置，如电机保护、线路保护、错相与缺相保护、零位保护、失压保护、紧急停止、预减速保护、避雷保护、照明、信号等。

（1）电机保护。电机应具有以下一种或几种保护，具体选用应按电机及其控制方式确定：

1）短路保护；

2）在电机内设置热传感器；

3）热过载保护。

（2）线路保护。所有外部线路都应具有短路或接地引起的过电流保护功能，在线路发生短路或接地时，瞬间保护装置应能分断线路。

（3）错相与缺相保护。塔机应设有错相与缺相保护、欠压保护、过压保护。

（4）零位保护。塔机各机构控制回路应设有零位保护。运行中因故障或失压停止运行后，重新恢复供电时，机构不得自行动作，应人为将控制器置于零位后，机构才能重新启动。

（5）失压保护。当塔机供电电源中断后，各用电设备均应处于断电状态，避免恢复供电时用电设备自动启动。

（6）紧急停止。司机操作位置处应设置紧急停止按钮，在紧急情况下方便切断塔机控制系统电源。紧急停止按钮应为红色非自动复位式。

（7）预减速保护。塔机具有多挡变速的变幅机构，宜设有自动减速功能，使变幅到达极限位置前自动降为低速运行。

（8）避雷保护。为避免雷击，塔机主体结构、电机机座和所有电气设备的金属外壳、导线的金属保护管均应可靠接地，其接地电阻应不大于 4Ω。采用多处重复接地时，其接地电阻应不大于 10Ω。

（9）照明、信号。司机室应有照明设施，照度不应低于 30lx。照明电路电压应不大于 250 V，其供电应不受停机影响。

塔顶高于 30 m 的塔机，其最高点及臂端应安装红色障碍指示灯，指示灯的供电应不受停机影响。

操纵装置上应设有电源开合状态信号指示、超起重力矩和超起重量的报警或信号指示。

第七章　塔式起重机安全装置的基本结构与使用

第一节　起重量限制器

一、起重量限制器的作用

塔机的许多结构件、机构及零件都是根据塔机整体设计时设定的最大起重量而计算并设计的，起重量限制器是用来防止塔机出现超过最大起重量作业而损坏塔机构件、机构或零件，保证塔机的作业安全，如图 7-1～图 7-3 所示。

二、工作原理

起重量限制器是一个名叫测力环的专用组件，它安装在回转塔身上，起重钢丝绳从其滑轮绳槽中穿过，载荷在钢丝绳上的张力经滑轮传到安装滑轮的测力环上，使测力环产生微量变形，这个变形通过测力环内的放大器将变形放大，当载荷达到设定值时，放大器金属片上的可调螺栓即顶升行程开关使起升机构的一定速度控制电路断开，从而使起升机构不能做一定速度运行，可限制一定速度的载荷，通过调整测力环四个调整螺栓，即可控制一定速度下的载荷。

图 7-1 起重量限制器实物

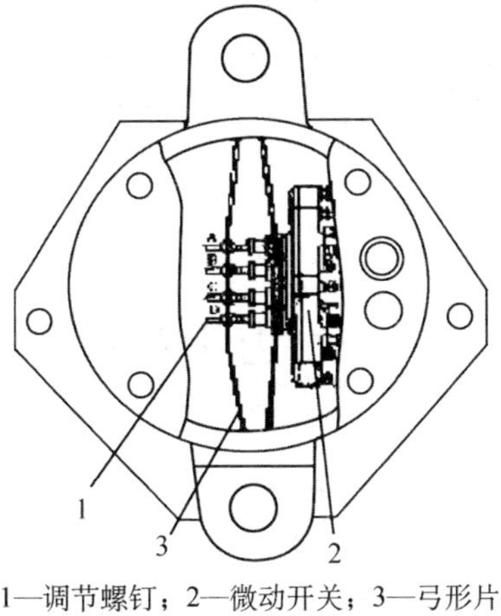

1—调节螺钉；2—微动开关；3—弓形片。

图 7-2 起重量限制器的结构

图 7-3　起重量限制器安装于回转塔身上

三、调整要求

当起重量达到额定起重量的 50%时，起升速度最高挡被限制运行；当起重量达到额定起重量的 90%时，发出提示性音响警告；当起重量达到额定起重量的 110%时，切断起升电机的电源，禁止起升，允许下降。

第二节　力矩限制器

一、力矩限制器的作用

力矩限制器是用来限制塔机实际作业起重力矩，使其不致超过额定起重力矩而导致整机倾翻事故的安全装置。力矩限制器是塔机各种安全装置中最重要、最关键的一项。塔机上使用的力矩限制器一般有电子式力矩限制器和机械式力矩限制器两种。

二、工作原理

当塔机起吊重物时，塔顶受力，塔顶的后弦杆发生微变形，焊接在塔顶后弦杆上的上、下拉铁发生变化，即上拉铁向上方弧线位移，下拉铁向下方弧线位移，拉杆受力后，拉动环体发生变形，使装在环体内的弓形板发生变形，带动微动开关触头碰到环体上的可调螺钉，实现在达到设定的不同力矩时能够声光报警并限制变幅小车高速向外或切断塔机起升向上和变幅小车向外变幅的电路的目的，允许向内变幅和下降，起到限制力矩的保护作用。使塔机能及时方便地卸去载荷或减小载荷力矩，避免了塔机超力矩作业，保证了塔机安全。

如图 7-4 所示，力矩限制器环体采用受力环的结构，内部装有 4 个微动开关。可调整微动开关 K1～K3 的可调螺钉来控制所需要的超力矩报警、超力矩断电等功能。

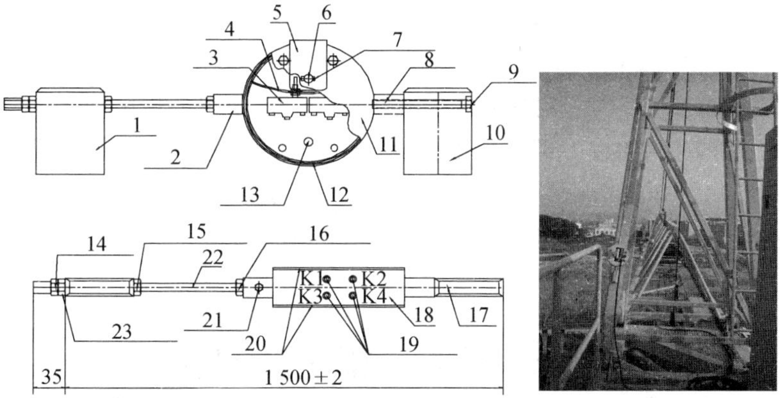

1—上拉铁；2—环杆连接头；3—微动开关；4—变形弹片；5—锁扣；6—锁销；7—M4×40螺钉；8—环铁连接头；9—M10×100螺钉；10—下拉铁；11—盖板；12—环体；13—电缆出线孔；14—顶部紧固螺母；15—拉杆松紧调整螺母；16—拉杆松紧调整螺母；17—下拉铁；18—环体；19—K1～K4调整螺钉；20—上下盖板；21—侧紧固螺钉；22—拉杆；23—拉杆松紧调整螺母。

图 7-4　力矩限制器

当力矩限制器安装完毕，在调整拉杆顶部的松紧螺母时，应将K4（常开）点1#、2#线调整为接通状态。1#、2#线串入起升机构的控制线路中，防止用户调整力矩限制器拉杆顶部的松紧调整螺母，随意增加塔机的吨位。当人为随意调整螺母时（增大起重吨位），环体内微动开关K4动作，1#、2#线断开，起升机构上升的控制线路断开。

拉杆式环形力矩限制器采用外调整方法进行调整。调整时，在“吨位调整”处用M5内六角扳手调整即可，逆时针为增加吨位，顺时针为减少吨位。

力矩限制器调整交验完毕，可将锁扣盖好，用M4×40螺钉穿过锁销上的孔，用M4螺母拧紧，再将螺钉弯曲，防止非专业人员调整。

三、调整要求

当达到额定起重力矩的110%（实际中一般定为108%）时，应切断上升方向和向外方向的变幅电源；在起重力矩达到额定值的90%时，通过力矩限制器能发出一种预警信号；当其最大变幅速度超过40 m/min，在小车向外运行，且起重力矩达到额定值的80%时，变幅速度应自动转换为不大于40 m/min。

第三节　起升高度、幅度、回转限位器

一、回转限位器

旧式塔机上大都装备有中央集电环，使塔机可以任意回转，转向及回转次数不受限制。但现代塔机均不设置该种集电环，为了限

制塔机回转的角度，以免损坏或扭断电缆，现代塔机一般设置回转限位开关。图 7-5、图 7-6 是塔机的回转限位器示意图及安装部位图。它用来控制塔机正转或反转圈数（3/2 圈），从而避免扭断电缆。回转限位器有一减速装置，通过齿轮与回转大齿轮啮合，记录起重机回转圈数，减速装置带动凸块，凸块拨动开关来控制回转圈数。

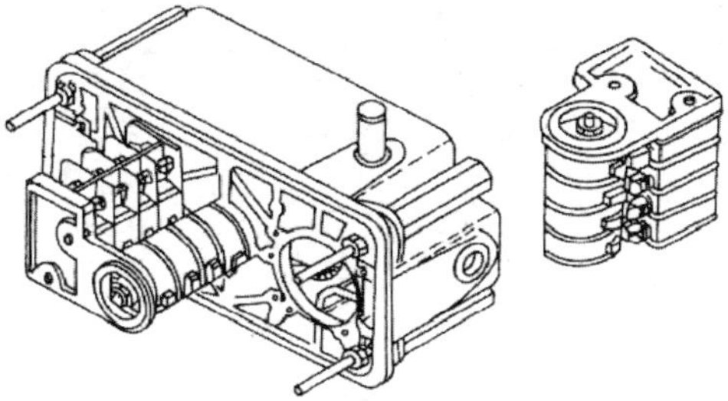

图 7-5　回转限位器

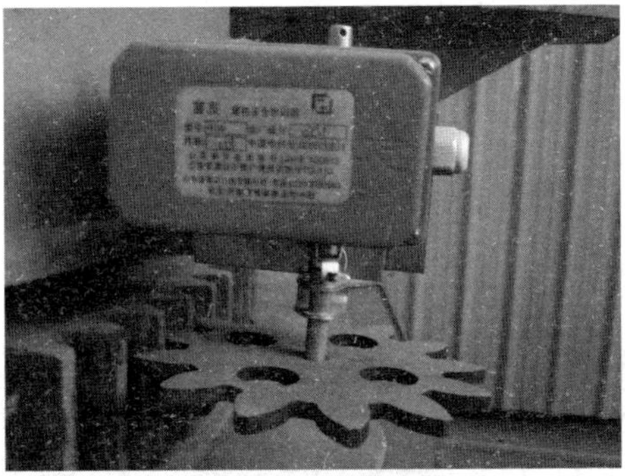

图 7-6　回转限位器安装部位

二、变幅限位器

水平起重臂型塔机采用的幅度限位器型号与回转限位器相同，图 7-7 是变幅限位器安装在小车牵引卷扬机上的状态。其工作原理是限位器有一减速装置，通过一个小齿轮与固定于卷筒上的齿圈啮合，根据记录的卷筒转数即知卷出的绳长，减速装置带动凸块，凸块触碰微动开关，控制电路通断，从而控制小车运行行程。

图 7-7　变幅限位器

三、起升高度限位器

水平起重臂的塔机是在起升卷扬机卷筒旁装有多功能限位器，用于起升高度限位，卷筒运转时，通过齿轮带动限位器，当某一凸块压住相应触点时，该限位开关断开，起到限位作用。当吊钩滑轮组倍率不同时，高度限位器需重新调整，如图 7-8 所示。

图 7-8　起升高度限位器

第四节　其他安全装置

一、小车断绳保护装置

小车变幅的塔机，变幅的双向均应设置断绳保护装置，小车断绳保护装置如图 7-9 所示。

图 7-9　小车断绳保护装置

二、钢丝绳防脱装置

滑轮、起升卷筒及动臂变幅卷筒均应设有钢丝绳防脱装置，该装置与滑轮或卷筒侧板最外缘的间隙不应超过钢丝绳直径的 20%，吊钩应设有防止钢丝绳脱钩的装置，如图 7-10 所示。

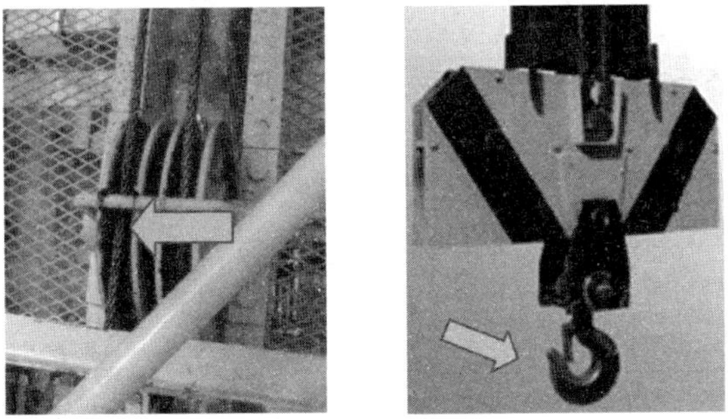

图 7-10　钢丝绳防脱装置

三、小车断轴保护装置（小车防坠落装置）

小车变幅的塔机，应设置小车断轴保护装置（小车防坠落装置），如图 7-11 所示，即使轮轴断裂，小车也不会掉落。

四、风速仪

起重臂根部铰点高度大于 50m 的塔机，应配备风速仪，如图 7-12 所示。当风速大于设定工作风速时，应能发出停止作业的警报，风速仪应设在塔机顶部的不挡风处。

图 7-11　小车断轴保护装置

图 7-12　风速仪

五、夹轨器

轨道式塔机应安装行走机构夹轨器，使塔机在非工作状态下不能在轨道上移动，如图 7-13 所示。

图 7-13　行走机构夹轨器

六、缓冲器、止挡装置

塔机行走和小车变幅的轨道行程末端均需设置止挡装置，如图 7-14 所示。缓冲器安装在止挡装置或塔机（变幅小车）上，当塔机（变幅小车）与止挡装置撞击时，缓冲器应使塔机（变幅小车）较平稳地停车而不产生猛烈的冲击。

七、顶升横梁防脱装置

自升式塔机应具有防止塔身在正常加节、降节作业时，顶升横梁从塔身支承中自行脱出的功能，即顶升横梁防脱装置，如图 7-15 所示。

八、障碍指示灯

塔顶高于 30m 的塔机，其最高点及臂端应安装红色障碍指示灯，如图 7-16 所示，指示灯的供电应不受停机影响。

图 7-14　缓冲器

图 7-15　顶升横梁防脱装置

图 7-16　障碍指示灯

第八章　塔式起重机安全操作技术规程

第一节　塔式起重机的安全操作

一、塔式起重机的操作

塔机操作台设置在塔机司机室内，塔机操作台有多种形式，但基本功能差别不大。《塔式起重机安全规程》（GB 5144—2006）规定了左右主操作箱的操作规定，如图 8-1、图 8-2、表 8-1、表 8-2 所示。

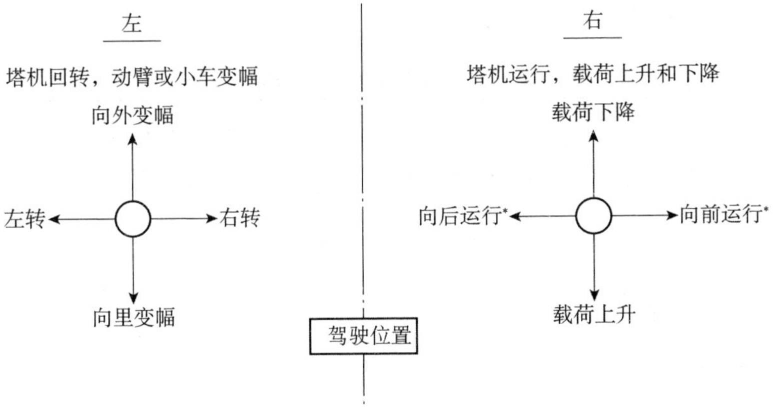

图 8-1　操作台手柄控制操作时的机构运动方向

注：*可根据司机位置和习惯调整方向。

图 8-2　操作台（联动台）

表 8-1　操作台手柄与机构运动方向

机构运动方向	机构运动方向	手柄方向
起升、变幅机构	上升、向里变幅	向着司机（手柄向后）
	下降、向外变幅	离开司机（手柄向前）
回转机构	向右回转	手柄向右
	向左回转	手柄向左
行走机构	可根据司机位置和习惯调整方向	可根据司机位置和习惯调整方向

采用轮式控制器操作的，机构运动方向应与表 8-2 所示的手轮旋转方向一致。

表 8-2　机构运动方向与手轮旋转方向

机构运动方向	手轮旋转方向
上升、向里变幅，向右回转	顺时针旋转
下降、向外变幅，向左回转	逆时针旋转

二、作业前的检查

（一）交接班手续

交接班时要认真做好交接手续，检查机械履历书、交班记录及有关部门规定的运行记录等填写和记载是否齐全。当发现或怀疑起重机有异常情况时，交班司机和接班司机必须当面交接，严禁交班司机和接班司机不接头或经他人转告交班。

(二)检查塔机各主要部位和装置

(1)合上主隔离开关，接通主电源。

(2)检查塔机基础螺栓、螺母是否松动；接地线是否脱落；金属构件的焊缝是否有裂纹和开焊。

(3)必须在规定的通道内上、下塔式起重机，上、下起重机时不得握持任何物件，应双手抓牢爬梯，并沿路检查标准节锈蚀程度、焊缝情况及螺栓连接有无松动。

(4)检查回转机构处回转下支座与标准节连接情况；检查回转处主电缆是否缠绕严重，电缆有无损伤。

(5)检查回转支座与回转节、回转节与塔尖连接情况；螺栓有无松动；销轴有无走位；开口销有无断裂或脱落。

(6)检查机械传动减速机的润滑油量和油质、检查液压油箱和制动器储油装置中的油量是否符合规定，并且油路是否泄漏。

(7)检查起升机构、刹车装置、排绳轮等结构的情况。主起升钢丝绳排列是否正常整齐，有无断股、弯折、断丝等现象；高度限位装置安装是否正常；起重臂的变幅机构是否设有幅度限位装置，变幅钢丝绳有无损伤，起升钢丝绳的绳尾放气装置是否灵活；变幅小车是否设有断绳保护装置，小车是否设置防脱落安全装置，小车走轮与车架连接是否松动；起升钢丝绳是否跳出滑轮轮槽。

(8)检查力矩限制器内有无相应的行程开关(对于机械式力矩限制器)；检查起重量限制器是否正常。

(9)检查起重臂上是否挂有幅度指示牌以及是否安全。

（三）检查电气部分

（1）检查塔机的接地或接零保护设施。

（2）在接通电源前，各控制器应处于零位。

（3）操作系统应灵活准确。电气元件工作正常，导线接头、各元器件的固定应牢固，无接触不良及导线裸露等现象。

（4）工作电源电压应为 380V±10%。

（四）吊运操作前的准备和空载运行及试吊重物

（1）进入驾驶室，检查驾驶室内是否挂有起重特性表，并对照起重臂上的幅度指示牌，熟悉相应幅度的吊重；检查是否有灭火器及其使用说明。

（2）将操作手柄置于零位，按下启动按钮，按响警铃，检查相序开关是否正常；检查风速仪是否正常；各指示灯、电压表、臂端及塔尖警示灯是否正常；电源电压是否达到 380V 标准，其变动范围不得超过±10%。

（3）将吊钩收至最高位置，空钩运行回转机构，仔细聆听回转机构有无异常响声，回转时要逐级换挡，禁止突然打反车；提前选好停止点，使用一挡就位，试回转定位刹车是否有效，检查回转限位是否有效。

（4）空钩开动变幅小车，并试运行各挡，检查变幅小车运行是否顺畅，防断绳保护装置有无与起重臂下腹杆偶尔干涉的现象，观察幅度限位能否起到自动转换速度及停止的作用，试变幅刹车能否正常工作，各滑轮能否转动灵活，若钢丝绳太松，则应收紧钢丝绳。

（5）空钩开动起升机构，仔细聆听起升机构及各运行滑轮处有无异常响声，逐挡变换速度。一挡不能使用太久，当吊钩离开地面时马上转入二挡，并逐级转入高速挡，然后依次减速，检查操纵手柄挡位是否正常，当吊钩上升至离起重臂下部 5m 时，应减速慢慢上升，试上下限位装置是否能起到作用，刹车是否灵敏。

（6）试吊重物，观察刹车有无溜车现象，将重物沿起重臂向外移动，直至力矩限制器动作，起到保护作用，这时，检查重物的重量是否小于起重特性表上的相应幅度所对应的重量。根据使用说明书高、低速挡所允许的相应起重量试吊重物，试起重量限制器能否起作用。

三、吊运操作

（1）司机必须熟悉所操作塔机的性能，并应严格按照说明书的规定作业，不得斜拉斜拽重物，不得吊拔埋在地下或黏结在地面、设备上的重物以及不明重量的重物。

（2）塔机开始作业时，司机应首先发出音响信号，以提醒作业现场人员注意。

（3）操纵室远离地面的塔机在正常指挥发生困难时，可设高空、地面两个指挥人员，或采用对讲机等有效联系办法进行指挥。

（4）塔机作业时，起重臂和重物下方严禁有人停留、工作或通行。重物吊运时，严禁人员从上方通过，严禁用塔机载运人员。

（5）重物的吊挂必须符合有关要求：

1）严禁用吊钩直接吊挂重物，必须用吊具、索具吊挂重物。

2）起吊短碎物料时，必须用强度足够的网、袋包装，不得直接捆扎起吊。

3）起吊细长物料时，物料最少必须捆扎两处，并且用两个吊点吊运，在整个吊运过程中应使物料处于水平状态。

4）起吊的重物在整个吊运过程中，不得摆动、旋转。不得吊运悬挂不稳的重物，吊运体积较大的重物，应拉溜绳。

5）不得在起吊的重物上悬挂任何重物。

6）操纵控制器时必须从零位开始，逐级推到所需要的挡位。传动装置做反方向运动时，控制器先回零位，然后再逐挡逆向操作，禁止越挡操作和急开急停。

7）吊运重物时，不得猛起猛落，以防吊运过程中发生散落、松绑、偏斜等情况。起吊时必须先将重物吊起离地面 0.5m 左右停住，确定制动、物料捆扎、吊点和吊具无问题后，方可继续操作。在起升过程中，当吊钩滑轮组接近起重臂 5m 时，应用低速起升，严防与起重臂顶撞。

8）应掌握所操作的起重机的各种安全保护装置的结构、工作原理及维护方法，发生故障时必须立即排除。不得操作安全装置失效、缺少或不准确的塔机作业。

9）塔机的小车变幅和动臂变幅限位器、行走限位器、力矩限制器、吊钩高度限位器以及各种行程限位开关等安全保护装置，必须齐全完整、灵敏可靠，不得随意调整和拆除。严禁用限位装置代替操纵机构。

10）吊钩要位于被吊物重心的正上方（吊钩的吊点，应与吊物重心在同一铅垂线上，使吊物处于稳定平衡状态），不准斜拉吊钩硬挂，防止提升后吊物翻转、摆动。起吊时应起降平稳、操作尽量避免急刹车或冲击。严禁超载，当起吊满载或接近满载时，严禁同时做两个动作。

11）司机在操作时必须集中精力，当安全装置显示或报警时，必须按照使用说明书中的有关规定操作。

四、每班作业后的要求

（1）凡是回转机构带有止动装置或常闭式制动器的塔机，在停止作业后，司机必须松开制动器，保证起重臂能随风转动。

（2）动臂式塔机将起重臂放到最大幅度位置，小车变幅塔机把小车开到说明书中规定的位置，并且将吊钩起升到最高点，吊钩上严禁吊挂重物。

（3）把各控制器拉到零位，切断总电源，收好工具，关好所有门窗并加锁，夜间打开红色障碍指示灯。

（4）凡是在底架以上无栏杆的各个部位进行检查、维修、保养、加油等工作时必须系安全带。

（5）填好当班履历书及各种记录。

五、操作塔机的相关注意事项

（1）严禁采用自由下降的方法下降吊钩或重物。当重物下降距就位点约 1m 处时，必须采用慢速就位。

（2）作业中平移起吊重物时，重物高出其所跨越障碍物的高度不得小于 1m。

（3）作业中临时停歇或停电时，必须将重物卸下，升起吊钩，将各操作手柄（钮）置于“零位”。如因停电无法升、降重物，则应根据现场与具体情况，由有关人员进行研究，采取适当的措施。

（4）塔机在作业中，严禁对传动部分、运动部分以及运动件所及区域做维修、保养、调整等工作。

（5）作业中遇有下列情况应停止作业：

1）恶劣气候，如大雨、大雪、大雾天气，超过允许工作风力等影响安全作业的天气；

2）塔机出现漏电现象；

3）钢丝绳磨损严重、扭曲、断股、打结或出槽；

4）安全保护装置失效；

5）各传动机构出现异常现象或有异响；

6）金属结构部分发生变形；

7）塔机发生其他妨碍作业及影响安全的故障。

（6）遇有6级以上大风或大雨、大雪、大雾等恶劣天气时，应停止塔机露天作业。在雨雪过后或雨雪中作业时，应先经过试吊，确认制动器灵敏可靠后方可进行作业。

（7）钢丝绳在卷筒上的缠绕必须整齐，有以下情况时不允许作业：

1）爬绳、乱绳、啃绳；

2）多层缠绕时，各层间的绳索互相塞挤。

（8）禁止在塔机各个部位乱放工具、零件或杂物，严禁从塔机上向下抛扔物品。

（9）司机必须专心操作，作业中不得离开司机室；起重机运转时，司机不得离开操作位置。

（10）塔机作业时禁止无关人员上下塔机，司机室内不得放置易燃和妨碍操作的物品，防止触电和发生火灾。

（11）司机室的玻璃应平整、清洁，不得影响司机的视线。

（12）夜间作业时，应该有足够照度的照明。

（13）对于无中央集电环及起升机构不安装在回转部分的起重机，回转作业必须严格按照使用说明书的规定操作。

（14）塔机遭到风速超过25m/s的暴风（相当于9级风）袭击，或经过中等地震后，必须进行全面检查，经主管技术部门认可，方可投入使用。

（15）塔机司机和指挥必须遵守的“十不吊”：

1）起重臂和吊起的重物下面有人停留或行走不准吊。

2）起重指挥应由技术培训合格的专职人员担任，无指挥或信号不清不准吊。

3）钢筋、型钢、管材等细长和多根物件必须捆扎牢靠，多点起吊。单头“千斤”或捆扎不牢靠不准吊。

4）多孔板、积灰斗、手推翻斗车不用四点吊或大模板外挂板不用卸甲吊时不准吊。预制钢筋混凝土楼板不准双拼吊。

5）吊砌块必须使用安全可靠的砌块夹具，吊砖必须使用砖笼，并堆放整齐。木砖、预埋件等零星物件要用盛器堆放稳妥，叠放不齐不准吊。

6）楼板、大梁等吊物上站人不准吊。

7）埋入地面的板桩、井点管等以及粘连、附着的物件不准吊。

8）多机作业，应保证所吊重物距离不小于 3m，在同一轨道上多机作业，无安全措施不准吊。

9）6 级以上强风区不准吊。

10）斜拉重物或超过机械允许荷载不准吊。

六、塔机的运行环境和特殊作业

（一）运行环境

（1）司机必须对工作现场周围环境、施工现场安全通道、塔机的吊运（行驶）路线、架空电线、邻近建（构）筑物等情况进行全面了解。

（2）周围有建筑物的场所，应注意塔机的尾部与建筑物及建筑物外围施工设施之间的距离不小于 0.6m。

（3）有架空输电线的场所，应避免塔机结构进入输电线的危险近程，塔机任何部位与架空输电线的安全距离，应符合表 8-3 的规定。

表 8-3　塔机对输电线的安全距离

位　置	电压/kV				
	<1	1～15	20～40	60～110	220
沿垂直方向/m	1.5	3	4	5	6
沿水平方向/m	1	1.5	2	4	6

（二）多塔机作业场所的安全要求

（1）两台塔机之间的最小架设距离应保证处于低位的塔机的臂架端与另一台塔机的塔身之间至少有 2m 的距离；处于高位塔机的最低位置的部件（吊钩升至最高点或平衡重的最低部位）与低位塔机中处于最高位置部件之间的垂直距离不应小于 2m。

（2）施工现场应有多机作业的安全技术方案，通过组织措施和技术措施防止发生碰撞事故。作为司机应遵守以下几点操作要求：

1）低塔让高塔：塔身高度较低的塔机，在转臂前应观察塔身高度较高的塔机的运行情况后再运行。

2）后塔让先塔：在两塔机塔臂交叉区域内运行时，后进入该区域的塔机要避让先进入该区域的塔机。

3）动塔让静塔：在两塔机塔臂交叉遇有运行时，在一塔机无回转、变幅等动作时，另一进行回转或变幅的塔机应对其进行避让。

4）轻车让重车：在两塔机同时运行时，无载荷塔机应避让有载荷塔机。

（三）多机抬吊作业必须遵守的规定

（1）司机和指挥人员不得擅自采用多机抬吊作业。

（2）确实需要多机抬吊作业的，应由管理部门提出可行性分析及抬吊报告，报告包括以下内容：

1）作业项目和内容；

2）抬吊的吊次；

3）抬吊时各台起重机的最大起吊重量、幅度；

4）各台起重机的协调动作方案和指挥；

5）详细的指挥方案；

6）安全措施；

7）作业项目和使用部门负责人签字。

（3）设备主管部门和主管技术负责人对报告审查后签署意见并签字。

（4）每台抬吊的塔机所承担的载荷不得超过本身80%的额定能力。

（5）必须选派有经验的司机和指挥人员作业，并有详细的书面操作程序。

七、塔式起重机运行、操作的要求

为了进一步规范建筑施工安全管理，提高建筑施工安全资料的规范化、标准化，将塔式起重机的运行、操作时的相关要求进行记录。以某省示范如下，见表8-4。

表8-4 建筑起重机械运行记录

第 页

年	运行	故障	维修	司机（签名）
月 日 时 分起 时 分止	作业前试验：			
	安全装置、电气线路检查：			
	作业情况：			
月 日 时 分起 时 分止	作业前试验：			
	安全装置、电气线路检查：			
	作业情况：			
月 日 时 分起 时 分止	作业前试验：			
	安全装置、电气线路检查：			
	作业情况：			

塔式起重机安全操作规程

一、作业人员必须经省级建设行政主管部门考核合格，取得建筑施工特种作业人员操作证书，方可上岗。

二、塔式起重机（以下简称“塔机”）的轨道基础或混凝土基础必须经过设计验算，验收合格后方可使用，基础周围应修筑边坡和排水设施，并与基坑保持一定安全距离。

三、塔机基础土壤承载能力必须严格按原厂使用规定或符合相关标准规定。

四、塔机的拆装必须由取得建设行政主管部门颁发的拆装资质证书的专业队进行，拆装时应有技术和安全人员在场监护。

五、拆装人员应穿戴安全保护用品，高处作业时应系好安全带，熟悉并认真执行拆装工艺和操作规程。

六、风力达到 4 级以上时不得进行顶升、安装、拆卸作业。顶升前必须检查液压顶升系统各部件连接情况。顶升时严禁回转臂杆和其他作业。

七、塔机安装后，应进行整机技术检验和调整，经分阶段及整机检验合格后，方可交付使用。在无载荷情况下，塔身与地面的垂直度偏差不得超过 4/1 000。塔机的电动机和液压装置部分，应按电动机和液压装置的有关规定执行。

八、塔机的金属结构、轨道及所有电气设备的金属外壳应有可靠的接地装置，接地电阻不应大于 4Ω，并应设立避雷装置。

九、每道附着装置的撑杆布置方式、相互间隔和附墙距离应按原厂规定；超出使用说明书规定，另行制作撑杆应有设计计算书。

十、塔机不得靠近架空输电线路作业，如限于现场条件，必须在线路旁作业时，必须采取安全保护措施。塔机与架空输电线的安全距离应符合《塔式起重机安全规程》（GB 5144—2006）的规定。

十一、塔机作业时，应有足够的工作场地，塔机起重臂杆起落及回转半径内无障碍物。

十二、塔机作业前，必须对工作现场周围环境、行驶道路、架空电线、建筑物以及构件重量和分布等情况进行全面了解。

十三、在进行塔机回转、变幅、行走和吊钩升降等动作前，司机应鸣笛示意。检查电源电压应达到380V，其变动范围不得超过−10V～＋20V，送电前启动控制开关应在零位，接通电源，检查金属结构部分无漏电方可上机。

十四、指挥人员作业时应与司机密切配合。司机作业时应严格执行指挥人员的信号，如信号不清或错误时，司机应拒绝执行。

十五、操纵室远离地面的塔机在正常指挥发生困难时，可设高空、地面两个指挥人员，或采用对讲机等有效联系办法进行指挥。

十六、塔机的小车变幅和动臂变幅限制器、行走限位器、力矩限制器、吊钩高度限制器以及各种行程限位开关等安全保护装置，必须齐全完整、灵敏可靠，不得随意调整和拆除。严禁用限位装置代替操纵机构。

十七、塔机作业时，起重臂和重物下方严禁有人停留、工作或通过。重物吊运时，严禁从人员上方通过。严禁用塔机载运人员。

十八、塔机必须按规定的塔机起重性能作业，不得超载荷和起吊不明重量的物件。在特殊情况下超载荷使用时，必须经过验算，有保证安全的技术防护措施，经企业技术负责人批准，有专人在现场监护，方可起吊，但不得超过限载的10%。

十九、严禁起吊重物长时间悬挂在空中，作业中遇突发故障，应采取措施将重物降落到安全地方，并关闭电机或切断电源后进行检修。在突然停电时，应立即把所有控制器拨到零位，断开电源总开关，并采取措施将重物安全降到地面。

二十、严禁使用塔机进行斜拉、斜吊和起吊地下埋设或凝结在地面上的重物。现场浇筑的混凝土构件或模板，必须全部松动后方可起吊。

二十一、起吊重物时应绑扎平稳、牢固，不得在重物上堆放或悬挂零星物件。零星材料和物件，必须用吊笼或钢丝绳绑扎牢固后，方可起吊。标有绑扎位置或记号的物件，应按标明位置绑扎。绑扎钢丝绳与物件的夹角不得小于30°。

二十二、遇有6级以上大风或大雨、大雪、大雾等恶劣天气时，应停止塔机露天作业。在雨雪过后或雨雪中作业时，应先经过试吊，确认制动器灵敏可靠后方可进行作业。

二十三、在起吊载荷达到塔机额定起重量的90%及以上时，应先将重物吊起离地面20～50cm停止提升进行下列检查：起重机的稳定性、制动器的可靠性、重物的平稳性、绑扎的牢固性。确认无误后方可继续起吊。对于有可能晃动的重物，必须拴拉绳。

二十四、重物提升和降落速度要均匀，严禁忽快忽慢和突然制动。左右回转动作要平稳，当回转未停稳前不得做反向动作。非重力下降式塔机，严禁带载自由下降。

二十五、塔机吊钩装置顶部至小车架下端最小距离：上回转式2倍率时为1 000mm，4倍率时为700mm；下回转式2倍率时为800mm，4倍率时为400mm，此时应能立即停止起吊。

二十六、作业中，司机临时离开操作室时，必须切断电源，锁紧夹轨器。作业完毕后，塔机应停放在轨道中间位置，起重臂应转到顺风方向，并松开回转制动器，小车及平衡重应置于非工作状态，吊钩宜升到离起重臂底端2～3m处。

塔式起重机操作安全技术交底

施工单位

工程名称		分部分项 工　　程		工种	
一、起重吊装的指挥人员必须持证上岗，作业时应与操作人员密切配合，执行规定的指挥信号。操作人员应按照指挥人员的信号进行作业，当信号不清或错误时，操作人员可拒绝执行。 二、启动前重点检查项目应符合下列要求： （一）金属结构和工作机构的外观情况正常； （二）各安全装置和各指示仪表齐全完好； （三）各齿轮箱、液压油箱的油位符合规定； （四）主要部位连接螺栓无松动； （五）钢丝绳磨损情况及各滑轮穿绕符合规定； （六）供电电缆无破损。 三、送电前，各控制器手柄应在零位。当接通电源时，应采用试电笔检查金属结构部分，确认无漏电后，方可上机。 四、作业前，应进行空载运转，试验各工作机构是否正常，有无噪声及异响，各机构的制动器及安全防护装置是否有效，确认正常后方可作业。 五、起吊重物时，重物和吊具的总重量不得超过起重机相应幅度下规定的起重量。应根据起吊重物和现场情况，选择适当的工作速度，操纵各控制器时应从停止点（零点）开始，依次逐级增加速度，严禁越挡操作。在变换运转方向时，应将控制器手柄扳到零位，待电动机停转后再转向另一方向，不得直接变换运转方向、突然变速或制动。 六、在吊钩提升、起重小车或行走大车运行到限位装置前，均应减速缓行到停止位置，并应与限位装置保持一定距离（吊钩不得小于 1m，行走轮不得小于 2m）。严禁采用限位装置作为停止运行的控制开关。 七、动臂式起重机的起升、回转、行走可同时进行，变幅应单独进行。每次变幅后应对变幅部位进行检查，允许带载变幅的，当载荷达到额定重量的 90%及以上时，严禁变幅。 八、提升重物，严禁自由下降。重物就位时，可采用慢就位机构或利用制动器使之缓慢下降。 九、提升重物做水平移动时，应高出其跨越的障碍物 0.5m 以上。 十、对于无中央集电环及起升机构不安装在回转部分的起重机，在作业时，不得顺一个方向连续回转。 十一、装有上、下两套操纵系统的起重机，不得上、下同时使用。 十二、作业中，当停电或电压下降时，应立即将控制器扳到零位，并切断电源。如吊钩上挂有重物，应稍松稍紧反复使用制动器，使重物缓慢地下					

降到安全地带。

十三、采用涡流制动调速系统的起重机，不得长时间使用低速挡或慢就位速度作业。

十四、作业中如遇 6 级及以上大风或阵风，应立即停止作业，锁紧夹轨器，将回转机构的制动器完全松开，起重臂应能随风转动。对轻型俯仰变幅起重机，应将起重臂落下并与塔身结构锁紧在一起。

十五、作业中，若操作人员临时离开操纵室，必须切断电源，锁紧夹轨器。

十六、起重机的变幅指示器、力矩限制器、起重量限制器以及各种行程限位开关等安全保护装置，应完整齐全、灵敏可靠，不得随意调整或拆除。严禁利用限制器和限位装置代替操纵机构。

十七、起重机作业时，起重臂和重物下方严禁有人停留、工作或通过。重物吊运时，严禁从人员上方通过；严禁用起重机载运人员。

十八、严禁使用起重机进行斜拉、斜吊和起吊地下埋设或凝固在地面上的重物以及其他不明重量的物体。现场浇筑的混凝土构件或模板，必须全部松动后方可起吊。

十九、严禁起吊重物长时间悬停在空中，作业中遇突发故障，应采取措施将重物降落到安全地方，并关闭发动机或切断电源后进行检修。在突然停电时，应立即把所有控制器拨到零位，断开电源总开关，并采取措施使重物降到地面。

二十、操纵室远离地面的起重机，在正常指挥发生困难时，地面及作业层（高空）的指挥人员均采用对讲机等有效的通信联络进行指挥。

二十一、作业完毕后，起重机应停放在轨道中间位置，起重臂应转到顺风方向，并松开回转制动器，小车及平衡重应置于非工作状态，吊钩直升到离起重臂顶端 2～3m 处。

二十二、停机时，应将每个控制器拨回零位，依次断开各开关，关闭操纵室门窗，断开电源总开关，打开高空指示灯。

二十三、检修人员上塔身、起重臂、平衡臂等高空部位检查或修理时，必须系好安全带。

二十四、现场补充交底内容：

交底人签字：

日　　期：

接受人（全员）签字：

注：本交底一式三份，班组、交底人、资料保管员各一份。

塔式起重机定期自检表

<table>
<tr><td colspan="2">使用单位</td><td colspan="3"></td></tr>
<tr><td colspan="2">备案编号</td><td></td><td>规格型号</td><td></td></tr>
<tr><td colspan="2">出厂编号</td><td></td><td>自编号</td><td></td></tr>
<tr><td colspan="2">安装位置</td><td></td><td>上次自检日期</td><td></td></tr>
<tr><td>序号</td><td>项目</td><td>检查内容</td><td>检查结果</td><td>结论</td></tr>
<tr><td rowspan="2">一</td><td rowspan="2">资料</td><td>使用相关资料</td><td></td><td></td></tr>
<tr><td>使用登记牌有效期</td><td></td><td></td></tr>
<tr><td rowspan="5">二</td><td rowspan="5">作业环境及外观</td><td>起重机与建筑物等之间的安全距离</td><td></td><td></td></tr>
<tr><td>起重机之间的最小架设距离</td><td></td><td></td></tr>
<tr><td>起重机与输电线的安全距离</td><td></td><td></td></tr>
<tr><td>危险部位安全标志</td><td></td><td></td></tr>
<tr><td>红色障碍灯</td><td></td><td></td></tr>
<tr><td rowspan="8">三</td><td rowspan="8">金属结构</td><td>金属结构状况</td><td></td><td></td></tr>
<tr><td>金属结构连接（螺栓、销轴、焊缝）</td><td></td><td></td></tr>
<tr><td>平衡重、压重的安装数量与位置</td><td></td><td></td></tr>
<tr><td>塔身轴心线对支承面的侧向垂直度</td><td></td><td></td></tr>
<tr><td>斜梯及其护圈的尺寸与固定</td><td></td><td></td></tr>
<tr><td>直立梯及其护圈的尺寸与固定</td><td></td><td></td></tr>
<tr><td>休息小平台、走台</td><td></td><td></td></tr>
<tr><td>附着装置的布置与连接状况</td><td></td><td></td></tr>
<tr><td rowspan="4">四</td><td rowspan="4">司机室</td><td>司机室固定、位置及其室内设施</td><td></td><td></td></tr>
<tr><td>司机室视野及结构安全性</td><td></td><td></td></tr>
<tr><td>司机室门的开向及锁定装置</td><td></td><td></td></tr>
<tr><td>司机室内的操纵装置及相关标牌、标志</td><td></td><td></td></tr>
</table>

续表

序号	项目	检查内容	检查结果	结论
五	基础与轨道	基础或路基排水		
		轨道固定状况 a．轨道顶面纵、横向上的倾斜度； b．轨距误差； c．钢轨接头间隙，两轨顶高度差		
		支腿工作起重机的工作场地		
六	主要零部件与机构	吊钩缺陷及危险断面磨损		
		吊钩开口度增加量		
		钢丝绳选用、安装状况及绳端固定		
		钢丝绳安全圈数		
		钢丝绳润滑与干涉		
		钢丝绳缺陷		
		钢丝绳直径磨损		
		钢丝绳断丝数		
		滑轮缺陷		
		滑轮防脱槽装置		
		制动器零部件缺陷		
		制动轮与摩擦片、制动轮缺陷		
		制动器调整		
		减速器连接与固定		
		减速器工作状况		
		开式齿轮啮合与缺损		
		车轮缺陷		
		联轴器及其工作状况		
		卷筒缺陷		

续表

序号	项目	检查内容	检查结果	结论
七	电气	电气设备及电器元件		
		线路绝缘电阻		
		外部供电线路总电源开关		
		电气隔离装置		
		总电源回路的短路保护		
		失压保护、零位保护、过流保护、断错相保护、紧急断电开关		
		便携式控制装置		
		仪表、照明、信号、报警系统		
		电气设备、金属结构的接地		
		防雷		
八	安全装置有效性与防护措施	起重量限制器		
		力矩限制器		
		高度限位器、变幅限位器、回转限位器		
		顶升防脱装置		
		防后翻装置		
		小车断绳双向保护装置		
		风速仪		
		防风装置		
		缓冲器和端部止挡		
		扫轨板		
		防护罩和防雨罩		
		防脱轨装置		
九	液压	防止过载和液压冲击的安全装置		
		液压缸的平衡阀及液压锁		
十	试验	空载试验		
		额定载荷试验		

续表

序号	项目	检查内容	检查结果	结论
十一	其他			
自检结论				
检查人员（签名）：	项目技术负责人（签名）：　专职设备管理人员（签名）： 专职安全员（签名）：　其他人员（签名）： （项目章） 年　月　日			

注：本表由使用单位填写，定期检查每月不少于一次。

第二节　起重吊运指挥信号

国家为确保起重吊运安全，防止发生事故，适应科学管理的需要，特制定《起重吊运指挥信号》（GB 5082—1985）标准。

该标准对现场指挥人员和起重机司机所使用的基本信号和有关安全技术做了统一规定，并适用于桥式起重机（包括冶金起重机）、门式起重机、装卸桥、缆索起重机、塔式起重机、门座起重机、汽车起重机、轮胎起重机、铁路起重机、履带起重机、浮式起重机、桅杆起重机、船用起重机等起重机械。

而作为塔式起重机司机必须对以上标准中列明的指挥信号手势熟练掌握，以便满足日常工作的要求。

值得注意的是，随着对讲机的普及，建筑工地现在多使用无线电对讲机对塔式起重机作业进行指挥，作为塔式起重机司机及指挥人员应该明确，使用对讲机发出的任何指令均以塔机司机所处位置为基准，防止方向误判引发安全事故。

第九章　塔式起重机常见故障及应急处理

第一节　塔式起重机的常见故障

对塔式起重机应当经常进行检查、维护和保养，传动部分应有足够的润滑油，对易损件必须经常检查、维修或更换，对机械螺栓，特别是经常振动的零件，如塔身连接螺栓应检查是否松动，若有松动则必须及时拧紧或更换。

一、三大机构的维修和保养

（1）各机构的制动器应经常检查并调整制动瓦和制动轮的间隙，保证灵活、可靠，其间隙应保证在 0.5mm 内。在摩擦面上，不应有污物存在，遇有污物必须用汽油或稀料洗掉。

（2）减速箱、变速箱、外啮合齿轮等部分的润滑及液压油油量及油质是否符合要求。

（3）检查钢丝绳在卷筒上排列是否整齐，各部钢丝绳有无断丝和松股现象，如超过有关规定，必须立即换新。检查起升机构排绳轮是否运转正常，如排绳轮磨损严重，则需更换，检查卷筒及排绳轮上护绳装置是否上好，如有松脱，必须整改。

（4）检查各机构运转是否正常，有无噪声，如发现故障，必须及时排除。

（5）检查各限位装置是否正常起作用，对于限位装置转动不正常的，应重新安装调整。

二、液压爬升系统的维护和保养

（1）严格按润滑表中的规定对液压油进行加油和换油，并清洗油箱内部。

（2）溢流阀的压力调整后，不得随意更动，每次进行爬升之前，应用油压表检查其压力是否正常。

（3）应经常检查各部管接头是否紧固严密，不准有漏油现象。

（4）要经常检查滤油器有无堵塞，检查安全阀在使用后调整值是否变动。

（5）检查油泵、油缸和控制阀，如发现渗漏应及时检修。

（6）组装和大修初次启动油泵时，应检查入口和出口是否接反，转动方向是否正确，吸油管是否漏气，然后用手试转，最后在规定转速内启动和试运转。

（7）在冬季启动时，要开开停停往复数次，待油温上升和控制阀动作灵活后再正式使用。

三、金属结构的维护和保养

（1）在运输过程中应尽量设法防止构件变形及碰撞损坏。

（2）在使用期间，必须定期检修和保养，以防锈蚀。

（3）经常检查结构连接螺栓、销轴、焊缝及构件是否有损坏、变形和松动等情况。

（4）每隔 1—2 年喷刷油漆一遍。

四、电气系统的维护和保养

（1）经常检查所有电线电缆有无损伤，发现有损伤的部分，要及时包扎和更换。

（2）遇到电动机过热现象时要及时刹车，排除故障后再继续运行，电机润滑要良好。

（3）电机滑环部位的电刷，其接触碳要保持清洁，调整电刷压力，使其接触面不少于 50%。

（4）各控制箱、配电箱等应保持清洁，及时清扫电气设备上的灰尘。

（5）各安全装置的开关触点开闭必须可靠，触点弧坑要及时磨光。

（6）每年摇测保护接地电阻两次（春、秋），保证电阻值不大于 4Ω。

五、其他部位

（1）检查各部件的连接情况，如有松动，应予拧紧。塔身连接螺栓应在塔身受压时检查其松紧度（要采用旋转臂架的方法造成主弦杆受压状态），所有的连接销都必须装有开口销，并需张开。

（2）吊钩及各部滑轮、导绳轮等应转动灵活，无卡塞现象，防止钢丝绳从滑轮或卷筒内跳出的防跳绳装置应完好。各部位钢丝绳应完好，固定端应牢固可靠，绳尾放气装置转动应顺畅。

六、制动器制动瓦间隙调整方法

（一）短行程制动器的调整

（1）调整制动力矩是通过调整主弹簧的工作长度来实现的。调整方法是用扳手把住螺杆方头，用另一扳手转动主弹簧固定螺母，如图 9-1 所示。弹簧可伸长或压缩，制动力矩随之减小或增大。调整完毕后，再用另外螺母锁紧螺杆及主弹簧调整螺母，以防止松动，保证制动力矩不变化。

（2）调整工作行程是通过调整电磁铁的冲程实现的。调整的方法是用一扳手把住锁紧螺母，用另一扳手转动弹簧推杆方头，如图 9-2 所示，使推杆前进或后退，前进时冲程增大，后退时冲程减小，直至获得允许的冲程，允许值见表 9-1。

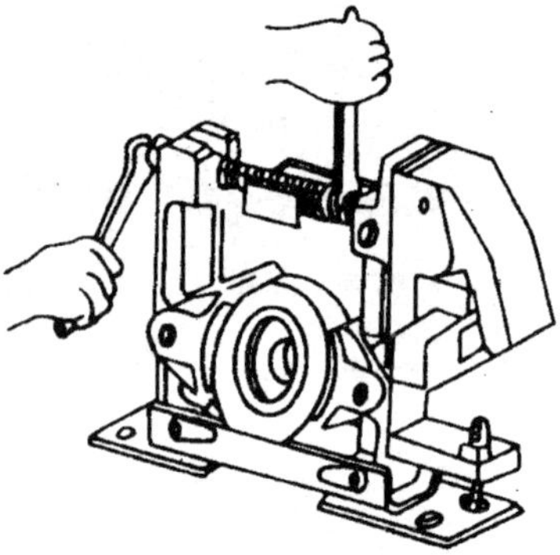

图 9-1　调整制动力矩示意图

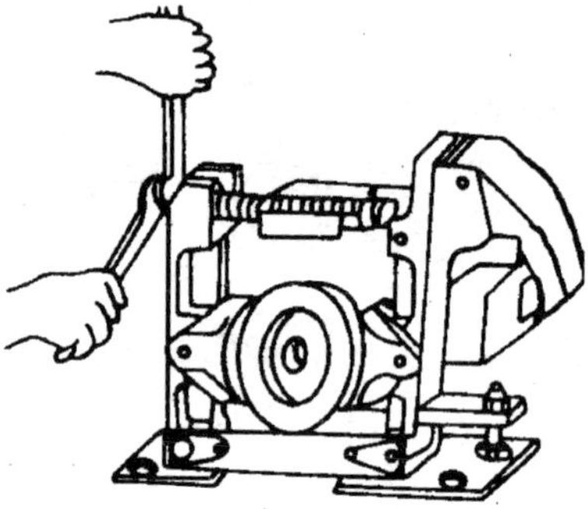

图 9-2　调整电磁铁冲程示意图

表 9-1　电磁铁允许冲程

电磁铁型号	MZD_1-100	MZD_1-200	MZD_1-300
冲程/mm	3	3.8	4.4

（3）调整制动块与制动轮之间的间隙，使两侧间隙均匀。调整方法是推动电磁铁衔铁与铁芯合并到一起，使制动瓦块自然松开，调整间隙调整螺母，使两侧间隙均匀，如图 9-3 所示。

短行程制动器制动瓦块与制动轮之间允许间隙见表 9-2。

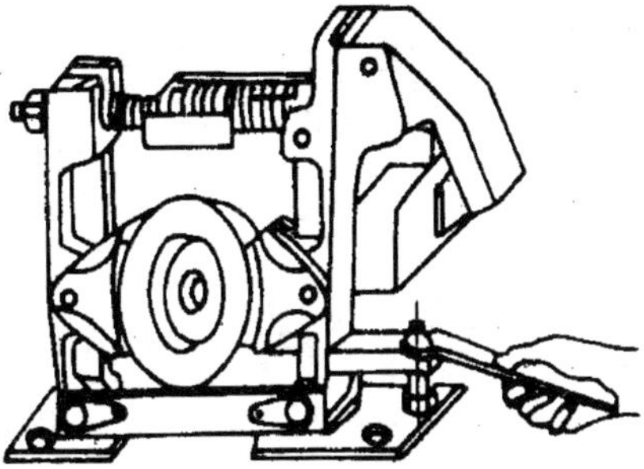

图 9-3　调整制动瓦与制动轮间隙

表 9-2　短行程制动器制动瓦块与制动轮之间允许间隙（单侧）

制动轮直径/mm	100	200/100	200	300/200	300
允许间隙/mm	0.6	0.6	0.8	1	1

（二）长行程制动器的调整

（1）制动力矩是通过调整主弹簧的工作长度来实现的。调整方法与短行程制动器的调整方法大体相似，转动调整螺母，使主弹簧伸缩以获得必要的制动力矩。调整完毕后，应用锁紧螺母将调整螺母锁紧，以防松动。

（2）驱动装置的工作行程也用调整弹簧推杆冲程来完成。方法是松开推杆上的锁紧螺母，转动推杆和拉杆，即可调整推杆冲程。制动瓦衬未磨损前，应留有 20～30mm 的冲程。

（3）调整制动间隙的方法是拉起螺杆，使制动瓦块与制动轮间形成最大的间隙，调整推杆的调整螺栓，使长行程制动器制动瓦块与制动轮之间的间隙在表 9-3 中规定的范围内，且使两侧相等。

表 9-3　长行程制动器制动瓦块与制动轮之间允许间隙（单侧）

制动轮直径/mm	200	300	400	500	600
允许间隙/mm	0.7	0.7	0.8	0.8	0.8

（三）液压推杆瓦块式制动器的调整

（1）制动力矩即主弹簧工作长度的调整与前述调整方法相同。

（2）调整推杆工作行程。要求是在保证制动瓦块最小退距的前提下，液压推杆的行程越小越好。

调整方法：松开推杆的锁紧螺母，转动推杆，使液压推杆的行程符合技术要求，然后再锁紧推杆上的螺母，以防松动。

（3）调整制动瓦块与制动轮之间的间隙。用手抬起液压推杆到最高位置，松开自动补偿器的锁紧螺母，旋动调整螺栓，使制动瓦块与制动轮之间的间隙符合要求。

（四）液压电磁铁瓦块式制动器的调整

（1）制动力矩也是通过调整主弹簧工作长度来实现的，调整方法与相应制动器架主弹簧调整方法相同。

（2）调整放松制动的补偿行程。

调整方法：松开锁紧螺母，转动斜拉杆，使补偿行程的数值符合规定要求，然后将锁紧螺母旋紧。

（3）制动瓦块与制动轮之间的间隙的调整方法与液压推杆瓦块式制动器相同。

（五）制动器的检修和维护

经常检查和保养制动器是一项非常重要的工作。起重机的起升机构的制动器，在每个工作班开始工作前均应进行检查。

（1）检修时的注意事项

1）注意检查制动电磁铁的固定螺栓是否松动脱落；检查制动电磁铁是否有剩磁现象。

2）制动器各铰接点应转动灵活无卡滞现象，杠杆传动系统的“空行程”不应超过有效行程的10%。

3）检查制动轮的温度，一般不得高于环境温度120℃。

4）制动时，制动瓦应紧贴在制动轮上，且接触面不小于理论接触面积的70%；松开制动时，制动瓦块上的摩擦片应脱开制动轮，两侧间隙应均等。

5）液压电磁铁的线圈工作温度不得超过105℃；液压推动器在通电后的油位应适当。

6）电磁铁的吸合冲程不符合要求而导致制动器松不开制动时，必须立即调整电磁铁的冲程。

（2）制动器的保养

1）制动器的各铰接点应根据工况定期进行润滑工作，至少每隔一周，应润滑一次，在高温环境下工作的每隔三天润滑一次，润滑时不得把润滑油沾到摩擦片或制动轮的摩擦面上。

2）及时清除制动摩擦片与制动轮之间的尘垢。

3）液压电磁推杆制动器的驱动装置中的油液每半年更换一次。如发现油内有机械杂质，应将该装置全部拆开，用汽油把零件洗净，再进行装配，密封圈装配前应先用清洁的油液浸润一下，以保证安装后的密封性能。但在清洗时，线圈不许用汽油清洗。

七、塔式起重机的常见故障及排除方法

塔式起重机的常见故障及排除方法见表9-4。

表9-4　塔式起重机的常见故障及排除方法

部位	故　　障	产生的可能原因	排除方法
钢丝绳	1. 磨损太快； 2. 跳出滑轮槽	1. 滑轮、导向滚轮不转或磨成深槽； 2. 滑轮槽与钢丝绳直径不符； 3. 滑轮偏斜或位移	1. 修复或更换； 2. 换用合格的钢丝绳； 3. 调整滑轮位置

续表

部位	故　障	产生的可能原因	排除方法
开式齿轮	1. 工作时噪声及磨损不一致； 2. 轮辐或轮齿上有裂纹	1. 齿面磨损侧隙过大； 2. 中心距过大或过小； 3. 冲击载荷过大	1. 修理或更换； 2. 重新调整中心距
滚动轴承	1. 过度发热； 2. 工作时噪声过大	1. 润滑油不足或种类不符合要求； 2. 轴承中有油污或安装不正确、轴承元件有损坏	1. 清洗检查，更换符合规定的润滑油； 2. 清洗重装或更换的轴承
滑动轴承	1. 过热； 2. 轴承磨损严重	1. 轴承装得过紧或偏斜； 2. 油中有杂质或缺油	1. 重新安装； 2. 更换新油
滑轮	1. 轮槽磨损不均； 2. 滑轮左右松动及倾斜	1. 滑轮受力不均或滑轮质量不均匀； 2. 轴上定位件松动； 3. 轴承安装太紧或无润滑油	1. 更换新滑轮； 2. 紧固滑轮上的定位件； 3. 调整轴承，添加润滑油
吊钩	尾部疲劳裂缝，危险断面磨损严重（超过10%）	材料质量不均匀，超过使用期限	发现这种情况应立即更换吊钩
卷筒	1. 卷筒壁存在裂纹； 2. 壁厚磨损超过10%； 3. 键磨损或松动	1. 卷筒材料不均匀，使用中有过大的冲击载荷； 2. 使用时间过长； 3. 装配不符合要求	1. 更换新卷筒正确操纵起升机构； 2. 更换新卷筒； 3. 换键重装
减速器	1. 减速器噪声大、发热； 2. 减速器振动； 3. 漏油	1. 润滑油过多或过少； 2. 轴承安装不当或损坏； 3. 齿轮啮合不良； 4. 联轴节安装不正确，两轴不同心； 5. 固定或连接螺栓松动	1. 修理调整，添加或减少润滑油； 2. 重新校对中心距； 3. 调整啮合间隙及轴平行度； 4. 换油封，修磨轴颈； 5. 重新调整安装位置、紧固螺栓

续表

部位	故　　障	产生的可能原因	排除方法
蜗轮箱	极限力矩联轴节失效	1. 弹簧张力过小或过大； 2. 弹簧折断	1. 按摩擦力矩 1 450 kN・m 调整； 2. 更换弹簧
制动器	1. 制动器失灵； 2. 制动瓦发热冒烟	1. 制动间隙过大； 2. 制动片沾染油污； 3. 制动带严重磨损； 4. 弹簧松弛； 5. 电磁制动器行程过小	1. 调整制动间隙； 2. 清洗油污； 3. 更换衬带； 4. 调节弹簧； 5. 调整电磁制动行程
涡流制动	涡流制动器噪声大	1. 内部轴承润滑不良或损坏； 2. 支座安装不正确	1. 润滑或更换； 2. 用垫片调整
回转作业	回转作业时支座跳动或晃动以及有异响	1. 小齿轮与大齿轮啮合不良； 2. 支承滚轮与滚道间隙过大； 3. 缺少润滑脂	1. 检修或更换； 2. 调整到规定间隙； 3. 添加润滑脂
安全装置	工作失灵	1. 弹簧脱落或损坏； 2. 行程开关损坏； 3. 线路错接或短路	1. 修复或更换； 2. 检修
液力偶合器	1. 温升过高 2. 漏油	1. 机械故障引起工作载荷过重； 2. 油液不洁，油量过多或过少； 3. 油封失效； 4. 轴颈磨损； 5. 结合面不平或密封损坏	1. 检修； 2. 更换新油或按规定油量增减； 3. 更换油封； 4. 修复轴颈； 5. 修整平面或换垫
行走机构	行走轮轮缘严重磨损	1. 轨距过大或过小； 2. 行走轮轴承磨损与轴的间隙过大	1. 重新调整轨距； 2. 修补轴或更换轴承

续表

部位	故　障	产生的可能原因	排除方法
电气部分	整机不动作或某些机构动作	1. 无电流或总空气开关跳闸； 2. 总过流继电器跳开或某机构过流开关跳开； 3. 行程开关被压，未复位； 4. 部分手柄不在零位，故无法启动； 5. 线路出现松脱现象； 6. 有关部件损坏或失灵	1. 检查电流情况或使空气开关复原； 2. 待过流继电器冷却后复位； 3. 检查行程开关或向相反方向运动； 4. 全部手柄恢复零位； 5. 重新紧固螺丝，使之接触良好； 6. 检查更换或调整
液压系统	液压泵吸空	1. 手动截止阀关闭； 2. 滤清器堵塞或油的黏度过高	1. 打开手动截止阀； 2. 清洗滤清器，更换新的液压油
	液压油泡沫太多	1. 油箱油面过低； 2. 油路系统吸入空气	1. 加油至规定高度； 2. 排出空气
	液压系统没有压力或压力不足	1. 驱动液压泵的电动机接反； 2. 液压泵的进出口接反； 3. 换向阀磨损或定位不正确； 4. 工作缸内部渗漏； 5. 溢流阀失效	1. 改变电动机接线； 2. 改变进出口接头； 3. 修复或更换换向阀； 4. 更换密封圈； 5. 调整或拆检修复
	液压系统压力不稳	1. 液压油脏； 2. 液压油中有空气； 3. 液压元件磨损	1. 清洗滤清器，冲洗并换新油； 2. 拧紧易漏接头，排出空气； 3. 修复或更换
	液压泵、工作缸、各种阀过热	1. 液压系统压力过高； 2. 液压油脏或供油不足； 3. 液压油中有空气； 4. 溢流阀压力不对； 5. 液压泵磨损或损坏	1. 调整安全阀至规定值； 2. 清洗滤清器，检查油的黏度； 3. 拧紧易漏接头，排出空气； 4. 按规定重新调整； 5. 更换新件

第二节　塔式起重机常见的紧急情况应急处理

一、制动器突然失灵应采取的紧急处理措施

当吊重物处于空中时，如果制动器失灵，如图 9-4 所示，操作司机必须冷静，切不可惊慌失措，首先发出报警信号，然后根据现场施工人员的分布位置和所吊重物的重量与体积，采取果断的处理措施。通常是采取继续起升，将重物转到空旷的地方，用电动机控制使重物下降到无人的空旷处。

图 9-4　起升机构制动器失灵

二、起升钢丝绳意外卡阻应采取的紧急处理措施

如图 9-5 所示，钢丝绳卡阻。

（1）立即停止作业，不能硬拉；

（2）查明原因，检查钢丝绳能否复位，若较困难，应通知专业人员解决；

（3）检查钢丝绳、滑轮等有无损伤，达到报废标准则要更换后方可使用。

图 9-5　钢丝绳卡阻

三、吊装过程遇到障碍物时采取的紧急处理措施

如图 9-6 所示，吊装过程中遇到障碍物。

（1）将起吊重物升起，重物高出其所跨越障碍物的高度不得小于 1 m；

（2）调整小车变幅或起升吊钩，避开障碍物；

（3）停止向障碍物方向的回转动作，采取反向回转措施避开障碍物。

四、吊重物处在空中，突然停电时应采取的紧急处理措施

吊重物处在空中，突然停电，这时应首先查明停电的原因，如果停电时间较长，则应采取措施使重物下降到地面。通常可以用扳手逐渐松开制动瓦，使重物慢慢下降。

图 9-6　吊装过程中遇到障碍物

第十章　塔式起重机的基本维护保养

机械设备在长时间的使用过程中，由于机件的运动摩擦、磨损及自然腐蚀，润滑油的减少及变质，紧固件的松动均会导致机械设备的动力性下降及安全可靠性降低，甚至会出现突发性的机械损坏事故。针对这种现象，在机器零件未达到极限磨损程度或发生故障之前，应采取相应的预防性措施，确保机械设备的正常工作，及时消除隐患，延长设备的使用寿命。

塔机长期处于露天，风吹日晒雨淋，在沙土、粉尘、锈蚀等影响下，以及各工作机构的润滑油或油脂会在运转过程中自然损耗和流失，如果不进行有效的维护保养，很难使塔机长时间保持良好的工作状态、具备持续的正常工作能力。因此，遵守《塔式起重机操作使用规程》（JG/T 100—1999)、《建筑机械使用安全技术规程》（JGJ 33—2012）等规程，对塔机进行有效的保养，是塔机使用管理中一项相当重要的工作，定期保养的作业内容主要是“清洁、坚固、调整、润滑、防腐”，通常称作“十字作业方针”。

塔机的具体保养内容，应按照塔机使用说明书的要求，本章介绍一些常规性的保养内容供参考。

第一节　例行保养

例行保养又称为日保，塔机作业中，司机除对临时出现的故障进行排除和修理外，每天必须在工作前后停机对机械认真地做一次例行检查、保养，并按使用说明书规定的部位、周期和润滑剂做好润滑，清除机身及各传动机构的灰尘、油污，按规定认真做好交接班手续和运行保养记录。

例行保养的内容：

1. 检查电器

合上电源开关，检查各接触器及控制电路各元件，要求接触应可靠，操作系统应灵活准确；观察电压表值不应超过额定值的±5%，否则应排除问题；查看电缆有无损伤及导线裸露现象。

2. 检查电动机

分别检查各机构的电动机，包括与其相连的变速箱、制动器、联轴器、安全罩，要求制动可靠、响声正常、绝缘良好、无变色过热现象，各安装螺栓无松动，并清洁机体。

3. 检查齿轮箱

各齿轮箱油量不足或变质时，应按润滑表规定的周期加注各润滑油或润滑脂。

4. 检查钢丝绳、滑轮、吊钩

钢丝绳的磨损及断股等损伤均在规定的使用范围之内，卷筒上钢丝绳排列整齐，各绳头紧固可靠，滑轮转动灵活不脱槽，吊钩及防脱钩装置完好。

5. 检查连接件

钢结构的主要焊缝不应有裂纹和开焊，连接螺栓、销子应连接稳妥，备销齐全，附着装置可靠。

6. 检查安全装置

起重量、力矩、变幅、高度、行走等安全限位装置应灵敏可靠，发现问题应及时修复。

7. 试运转

试运转时各机构应无异响、过大噪声与剐碰、振动的现象，各工作机构的制动器应动作灵活可靠，发现问题应立即排除。

第二节　初级保养

初级保养应根据塔机实际作业时间和设备的状况确定，其保养间隔周期一般定为每月一次，由司机及其班组人员进行。

初级保养的内容：

1. 进行例行保养工作

按例行保养的要求内容进行保养工作。

2. 检查金属结构件的紧固螺栓及连接件、焊点

检查塔身底座、标准节、预升套架、中间节、塔顶及起重臂、配重臂、附着撑杆的螺栓应紧固无松动，有裂损应更换；检查金属构件有无变形，焊缝有无裂纹，发现有异常时应及时修整；各销子无松动，备销齐全。

3. 检修电器

清扫配电箱内电器的灭弧装置、箱内污垢，拧紧接线端螺栓，清除电阻片上的积尘；检查接触器各触头间隙是否接触可靠，适量加以润滑，用手拨动应灵活；检查调整各限位开关的顶杆、碰轮位置，使工作可靠。

4. 检查制动器

调整制动器的间隙，鼓式制动器的间隙为 0.3～0.5mm；片式制动器为 0.3mm，若制动片磨去 1/3 时应更换制动片。

5. 检查润滑

在规定的润滑周期时间内对各规定的部位更换润滑油；各润滑点可加注润滑脂。

6. 检查各传动机构

各机件无裂纹、破损；滚轮转动自如，齿轮啮合良好，传动可靠无异响。

7. 检查吊钩及钢丝绳

吊钩尾部无裂纹，危险断面磨损小于 10%；钢丝绳变形磨损、腐蚀情况达到报废标准时，应予以更换。

8. 轨道式的塔机检查路基部分

（1）按起重机使用说明书提出的技术条件检验轨距和路基，轨道的纵横向不平度不大于 1/1 000，轨距误差不超过 1/1 000（或 6mm）。

（2）检查道钉和鱼尾板螺栓是否松动和短少，并及时拧紧和添配。

（3）检验枕木间距，轨道每隔 6m 应设轨距拉杆。

（4）检查接地接零装置是否可靠。

第三节　高级保养

高级保养的间隔期限要根据起重机的实际作业时间和设备状况决定。一般定为现场安装后一年一次，由专业队伍进行。

高级保养的内容：

1. 进行初级保养工作

按初级保养作业内容进行保养工作。

2. 检修钢结构

更换失效的销子、螺栓等连接件，对有开裂的焊缝进行补焊，对产生形变的杆件进行调直或加固。

3. 检修减速器

拆洗箱体零件，更换润滑油，检查调整齿轮啮合间隙，更换损坏的油封、轴承、键、挡圈和销子等零件，转动各挡无异响。

4. 检修联轴节

调整其轴向、径向间隙，视情况更换弹性圈、键、轴、轴承及损裂的机件等。

5. 检调回转机构

检查回转轴承有无损坏、异响，支承的磨损下塌有无影响到下部油封；加注润滑脂，调整小齿轮啮合间隙，调整制动器。

6. 拆检电器

检修全部电源线、辅线及照明线等的绝缘及磨损情况，不合格者应及时更换；检修各接触器触头，要求接触可靠，调整过流继电器的整定值；检修电阻器更换破裂的电阻片；拆检控制器及各限位开关，调整各触点的间隙及压力，要求工作可靠；测量外壳绝缘应大于 0.5MΩ。

7. 检修电动机

检查并清扫定子绕组、转子和风扇，检查更换轴承并加注润滑脂，换碳刷，修磨集电环。

8. 防腐保养

除锈，涂油漆，钢结构补漆。

第四节　润滑

各部润滑油或润滑脂除应经常检查、加注和按季节更换（更换时应清洗油箱各部）外，还要参照表 10-1 规定的润滑部位及周期进行润滑作业。

表 10-1　塔式起重机润滑部位及周期

序号	润滑部位	润滑脂	润滑周期/h	润滑方式
1	齿轮减速器、蜗轮蜗杆减速器、行星齿轮减速器	齿轮油 冬 HL—20 夏 HL—30	200 1 000	添加 更换
2	起升、回转、变幅、行走等机构的开式齿轮及排绳机构蜗杆传动	石墨润滑脂 ZG—S	50	涂抹
3	钢丝绳		100	涂抹
4	各部连接螺栓、销轴			安装前涂抹
5	回转支承上、下圈滚道，水平支承滚轮，行走轮轴承，卷筒链条，中央集电环轴套，行走台车竖轴	钙基润滑脂 冬 ZG—2 夏 ZG—4	50	涂抹
6	水母式底架活动支腿、卷筒支座、行走机构小齿轮支座、旋转机构竖轴支座、电缆卷筒支座		200	加注
7	齿轮传动、蜗杆蜗轮传动及行星传动等的轴承		500	加注
8	吊钩扁担梁推力轴承、钢丝绳滑轮及小车行走轮轴承		1 000	加注涂抹
9	液压缸球铰支座、拆装式塔身基础节斜撑支座		1 000	根据需要涂抹
10	起升机构和小车牵引机构限位开关链传动			

续表

序号	润滑部位	润滑脂	润滑周期/h	润滑方式
11	制动器铰点、限位开关及接触器的活动铰点、夹轨器	机械油 HJ—20	50	根据需要油壶滴入
12	液力联轴节	汽轮机油 HU—22	200 1 000	添加 换油
13	液压推杆制动器及液压电磁制动器	冬季为变压器油 DB—10，夏季为机械油 HJ—20	200 1 000	添加 换油
14	液压油箱	冬季为变压器油或20号抗磨液压油，夏季为40号抗磨液压油		顶升或降落塔身前添加，运转100～150h后清洗换油

第十一章　塔式起重机的主要零件及易损件报废标准

第一节　结构件的报废及工作年限

塔机主要承载结构件由于腐蚀或磨损而使结构的计算应力提高，当超过原计算应力的 15%时应予以报废。对无计算条件的，当腐蚀深度达到原厚度的 10%时应予以报废。

塔机主要承载结构件如塔身、起重臂等，失去整体稳定性时应报废。如局部有损坏并可修复的，则修复后不应低于原结构的承载能力。

塔机的结构件及焊缝出现裂纹时，应根据受力和裂纹情况采取加强或重新施焊等措施，并在使用过程中定期观察其发展。对无法消除裂纹影响的应予以报废。

塔机主要承载结构件的正常工作年限，按使用说明书要求或按使用说明书中规定的结构工作级别、应力循环等级、结构应力状态计算。若使用说明书未对正常工作年限、结构工作级别等作出规定，且不能得到塔机制造商确定的，则根据中华人民共和国建设部公告第 659 号《建设事业“十一五”推广应用和限制禁止使用技术

（第一批）》中规定“630kN・m 以下（不含 630kN・m）、出厂年限超过 10 年（不含 10 年）的塔式起重机；630～1 250kN・m（不含 1 250kN・m）、出厂年限超过 15 年（不含 15 年）的塔式起重机；1 250kN・m 以上、出厂年限超过 20 年（不含 20 年）的塔式起重机。由于使用年限过久，存在设备结构疲劳、锈蚀、变形等安全隐患。超过年限的由有资质评估机构评估合格后，可继续使用”的要求执行。

第二节　钢丝绳的报废标准

钢丝绳的报废标准详见附录三。

第三节　其他零部件的报废标准

一、卷筒和滑轮有下列情况之一的应予以报废[根据《塔式起重机安全规程》（GB 5144—2006）]

（1）裂纹或轮缘破损；

（2）卷筒壁磨损量达到原壁厚的 10%；

（3）滑轮绳槽壁厚磨损量达到原壁厚的 20%；

（4）滑轮槽底的磨损量超过相应钢丝绳直径的 25%。

二、制动器零件有下列情况之一的应予以报废

（1）可见裂纹；

（2）制动块摩擦衬垫磨损量达到原厚度的 50%；

（3）制动轮表面磨损量达 1.5～2mm；

（4）弹簧出现塑性变形；

（5）电磁铁杠杆系统空行程超过其额定行程的 10%。

三、车轮有下列情况之一的应予以报废［根据《塔式起重机安全规程》（GB 5144—2006）］

（1）可见裂纹；

（2）车轮踏面厚度磨损量达到原厚度的 15%；

（3）车轮轮缘厚度磨损量达到原厚度的 50%。

四、吊钩出现下述情况之一时应予以报废［根据《塔式起重机安全规程》（GB 5144—2006）］

（1）用 20 倍放大镜观察表面有裂纹；

（2）钩尾和螺纹部分等危险截面及钩筋有永久性变形；

（3）挂绳处截面磨损量超过原高度的 10%；

（4）心轴磨损量超过其直径的 5%；

（5）开口度比原尺寸增加 15%。

第十二章　塔式起重机事故案例分析

本章对塔式起重机使用中的一些典型事故案例进行了分析。作为建筑用塔式起重机的操作人员和设备管理人员，应能够认识和控制塔式起重机的安全风险，制定事故的防范措施。下面节选了有关塔式起重机使用方面的事故案例，以期对相关从业人员起到警示作用。

案例一

一、事故概况

1. 事故发生时间：20××年×月
2. 事故发生单位：某小区工地
3. 起重设备类型：自升式塔式起重机
4. 作业特点：吊运袋装水泥
5. 事故类型：塔机超载
6. 事故危害程度：1 人死亡，电气线路中断，建筑物被破坏

二、事故过程简介

20××年×月某日 18 时 30 分前后，某小区工地正在使用的 QTZ60 自升式塔式起重机在吊载作业中发生塔身折断倒塌事故，造成塔机司机当场死亡，并砸断高压线，造成供电线路中断，小区建筑物受到破坏，一辆出租车受损。

该塔机已在工地使用 10 年，事故发生前，该塔机正在吊运袋装水泥，当时起重臂平行于建筑物，经事故现场测量工作幅度 33.5m，料斗中装载水泥 40 袋（每袋 50kg），重 2 000kg，料斗重 265kg，吊运载荷总重量 2 274kg。经核查该塔机使用说明书给出的起重特性曲线，在 33.5m 幅度处，额定起重量应为 1 412kg，经计算超载 61%。

三、事故原因

1. 直接原因

超载 61%，远远超过塔机的设计承载能力。

塔机的斜支撑杆与塔身连接部位，有三根主弦杆完全断裂，其共同点是基础节主弦杆外侧扣方角钢与连接套纵向焊缝和扁担梁横焊缝都存在不同程度的陈旧性裂纹而断开，角钢横截面是新断口。

2. 间接原因

未安装塔机力矩限制器，未能防止在日常使用中塔机经常超载，使裂纹提前形成。

该塔机塔身斜支撑杆与塔身呈 42°左右的角度，角度偏大，使纵向焊缝所受横向分力加大，产生疲劳裂纹。该处是塔身受力和各种冲击力最大的部位。

3. 主要原因

超载 61%，远远超过塔机的设计承载能力；未安装塔机力矩限制器，未能防止在日常使用中塔机经常超载，使裂纹提前形成。

四、事故结论

事故单位设备维护保养存在严重缺陷，力矩限制器失效，未能及时修复更换，致使该塔机在大量超载情况下仍强行作业，未能防止倒塌事故。

本次作业中，司机和地面人员违章操作，严重超载，造成倒塌事故。

断口处截面存在严重的陈旧性裂纹（陈旧性裂纹的形成与经常超载有直接关系），使力的传递失效，埋下事故隐患。

五、事故预防措施

（1）安装前应仔细检查塔机结构的所有焊缝是否已经存在陈旧性裂纹。

（2）严禁超载作业。

案例二

2019 年 3 月 14 日 14 时 26 分许，某在建小区塔吊在维护保养时，因操作不当发生坍塌事故，导致 2 人受伤，事故直接经济损失约 280.6 万元（不含事故罚款）。

一、事故发生经过

2019 年 3 月 11 日，在建小区工程部组织各栋施工负责人开会，会上要求各栋号长对塔吊按期进行维护保养，8 栋施工员曾某某参加了会议，会后将情况向汪某某进行了汇报，汪某某让孙某联系塔吊老板陈某某安排人员对塔吊进行维护保养，陈某某答应近几天安排人员，并通知张某，让他对塔吊进行维护保养，具体要请谁帮忙，要张某自己决定。

3 月 14 日 13 时许，塔吊司机张某请同村村民王某某来工地一起对 8#塔吊进行维护保养，张某负责在塔吊驾驶室操作，王某某负责对标准节螺栓进行更换作业，部分标准节螺栓因拉伸变形且锈蚀无法拧动，王某某采用氧气液化气方式来割断，先行割断第 1 节与第 2 节标准节内侧螺栓进行更换（已安装到位）；然后割断第 3 节与第 4 节标准节东南侧螺栓进行更换（已安装到位）。因王某某实施更换螺栓作业时是一个人，每切割一次必须点燃液化气才能施工，操作不便，于是违反标准节螺栓更换作业程序，违章蛮干，一次性切割了第 3 节与第 4 节标准节东北角的 2 颗螺栓、第 2 节与第 3 节标准节东南角、东北角的 4 颗螺栓，东侧 4 颗螺栓已全部割断，只剩下西侧 4 颗螺栓（第 2 节与第 3 节标准节的连接螺栓为 8 颗）。

14 时 26 分许，塔身标准节整体承载能力完全失效，第 2 节与第 3 节标准节西侧螺栓在巨大的倾覆力矩作用下被拉断，平衡臂先触地，受起重臂拉杆的作用，起重臂整体翻转，倾覆到西侧的土堆上，张某从驾驶室直接摔至地面受伤，王某某从标准节上摔至地面受伤，事故发生。

二、事故直接原因

无资格人员违反塔机标准节螺栓更换作业程序，违反操作规程更换标准节螺栓，未按要求进行安装，是导致本次事故发生的直接原因。

三、事故间接原因

1. 该在建小区工程部未认真履行建设单位职责，建筑工程开工前未依法办理“建设工程规划许可证”和“施工许可证”，在项目手续不全的情况下违规组织人员施工，对施工现场安全管理不力。

2. 建筑公司企业安全生产主体责任落实不到位，对公司员工开展业务疏于管理。

3. 监理公司未能依照法律法规实施监理，违规对未完善报建手续的项目实施有效监理，公司派出人员未认真履行职责，对塔吊违规安装使用情况监督不到位。

4. 安装公司未按要求签订安装协议、办理相关手续，在建设项目手续不全的情况下，违规安装塔吊，安装完毕未经验收合格，塔吊投入使用。

5. 租赁公司落实企业主体责任不力，作为塔吊产权单位，对设备使用、管理情况失控，公司各项规章制度落实走过场。

6. 市城市管理行政执法局和市住房和城乡建设局安全监管履职不到位，打非治违不力。

7. 塔吊老板陈某某违规将塔吊出租、违规安排安装单位、将塔吊维护保养业务承包给无资格人员。栋号长汪某某对施工作业现场安全疏于管理，对维护保养人员违规操作行为未发现。

以上是导致本次事故发生的间接原因。

四、事故性质

经调查认定，此次事故是一起一般生产安全责任事故。

案例三

一、事故简介

20××年 5 月 4 日，某市某住宅小区发生一起塔式起重机倾覆事故，造成 3 人死亡。

二、事故发生经过

某市某住宅小区 12 号楼工地于 20××年 4 月 30 日开工挖槽，5 月 2 日组装一台轻型塔式起重机，5 月 3 日开始用塔式起重机吊运回填土及毛石，连续作业至 5 月 4 日晨，当塔吊司机正将一筐毛石吊离地面时，起重机突然倾覆，造成 3 人死亡的重大事故。

三、事故原因分析

1. 技术方面

超载作业是导致事故发生的直接原因。塔式起重机的特点是作业范围大、重心高、整体稳定性差。控制塔式起重机稳定性最主要的参数是起重力矩，而作业半径及起重量的变化，都会直接影响起重力矩的变化。该塔式起重机为轻型起重机，起重量一般应控制在 2t 以下，因此在作业中必须严格控制重量。工地用塔式起重机吊运毛石（每立方米重约 2t），容器为筐，每筐吊运重量不能做到严格控制，再加上吊运地点不同，作业半径需变化，因此必然造成塔式起重机超载，当超载严重时，塔身便会失稳倒塌。

塔式起重机性能不符合要求是事故的主要原因。按照规定，塔式起重机在施工现场重新组装后，应进行试运行检测，经静载、动载试验，并检验各安全装置的灵敏可靠性，确认合格后方可投入运行。而该塔式起重机未按规定进行检查就投入使用，运行中变幅操纵机构失灵，且无力矩限制器保护，造成超载倒塔事故。

2. 管理方面

设备不按规定进行检查是导致事故的重要原因。

塔式起重机属特种设备，对这类设备不仅要按一般设备要求进行定期保养，还要对安全装置灵敏可靠性进行检查和对起重机的结构变形进行检验，以确定其最大承载能力，并随机械使用年限的变化及机械性能情况减载使用。在施工现场每次重新组装后使用前，必须进行检验以确认其可靠度。本次事故的发生，暴露了该单位设备管理方面存在的严重问题，“只使用不管理”最终导致了事故的发生。

项目负责人不懂塔式起重机性能，只注重使用不注重操作安全，对司机不交底，对设备不检查，对违章作业不制止，结果因作业超载致使倒塔。

四、事故结论与教训

1. 事故主要原因

造成本次事故的原因包括企业对塔式起重机忽视管理，设备带病运行，司机违章作业。主要原因是司机违章作业造成塔吊超载引起倒塔。但塔吊缺少必要的安全装置，不经检验就使用的问题也是不容忽视的。

2. 事故性质

本次事故属于责任事故。设备部门失于管理，项目负责人不懂塔式起重机操作技术规范，司机违章超载。

3. 主要责任

项目指挥人和设备负责人应对设备检查不到位使得设备带病运行，对司机违章操作不制止以致超载引起倒塔负主要责任。

建筑公司的主要负责人对企业管理失控负有责任。

五、事故的预防对策

1. 对本单位现有的塔式起重机应逐台建立设备档案，从使用年限到设备现状，从每次现场检验结果到每次定期的大修检验结果都应列入档案，由设备主管部门每年提出管理意见，在施工现场使用中检验执行情况。

2. 对起重机除去按照大修进行的结构检验外，还应每年定期进行一次全面检查，以进一步确认该起重机的结构变形情况及起重能力，必要时应规定减载使用。

3. 必须坚持执行起重机转移到工地后进行试运转检验的制度，按照起重机的类别及试验规则规定的程序进行，在进行运转检验时，应同时对其安全装置的灵敏度进行试验。

4. 应特别注意加强对起重机司机的培训考核，使每位起重机操作人员都熟知所操作的起重机机型的性能。

5. 应注意对项目经理进行培训。目前，项目经理多为工民建专业，但随着城市建设的发展，要求生产指挥人员知识更加全面，以适应建设需要，做名副其实的项目指挥人。

六、专家点评

塔式起重机的种类较多，20 世纪 70 年代因不熟悉其性能发生的事故较多，20 世纪 80 年代开始逐渐减少，90 年代因高层建筑的增加，自升塔拆装事故开始上升。目前，由于各地加强了管理，这类事故的发生又逐渐减少。然而，随着一些大型企业的轻型塔或淘汰型塔部分流入小企业和农民建筑队，因这些设备老旧、隐患多，再加上小企业对设备管理和使用缺乏经验，所以仍存在轻型塔吊事故隐患。

塔吊生产已经定型，规定由厂家生产，由于之前社会上出现了一些非定型产品，曾引起管理混乱。建设部对塔吊管理曾专门下发了文件，各地应认真贯彻执行。企业对本企业的塔吊应进行逐台检验并建立档案，由专人管理，使现有的塔吊尽量发挥潜力；对于不合格和淘汰的塔吊，不得再出现在施工现场。

参考文献

刘佩衡. 塔式起重机使用手册[M]. 北京：机械工业出版社，2002.

附录一　建筑施工特种作业人员安全技术考核大纲（试行）（摘录）

5. 建筑起重机械司机（塔式起重机）安全技术考核大纲（试行）

5.1　安全技术理论

5.1.1　安全生产基本知识

1　了解建筑安全生产法律法规和规章制度

2　熟悉有关特种作业人员的管理制度

3　掌握从业人员的权利义务和法律责任

4　熟悉高处作业安全知识

5　掌握安全防护用品的使用

6　熟悉安全标志、安全色的基本知识

7　了解施工现场消防知识

8　了解现场急救知识

9　熟悉施工现场安全用电基本知识

5.1.2　专业基础知识

1　了解力学基本知识

2　了解电工基础知识

3　熟悉机械基础知识

4　了解液压传动知识

5.1.3　专业技术理论

1　了解塔式起重机的分类

2　熟悉塔式起重机的基本技术参数

3　熟悉塔式起重机的基本构造与组成

4　熟悉塔式起重机的基本工作原理

5　熟悉塔式起重机的安全技术要求

6　熟悉塔式起重机安全防护装置的结构、工作原理

7　了解塔式起重机安全防护装置的维护保养、调试

8　熟悉塔式起重机试验方法和程序

9　熟悉塔式起重机常见故障的判断与处置方法

10　熟悉塔式起重机的维护与保养的基本常识

11　掌握塔式起重机主要零部件及易损件的报废标准

12　掌握塔式起重机的安全技术操作规程

13　了解塔式起重机常见事故原因及处置方法

14　掌握《起重吊运指挥信号》（GB 5082）内容

5.2　安全操作技能

5.2.1　掌握吊起水箱定点停放操作技能

5.2.2　掌握吊起水箱绕木杆运行和击落木块的操作技能

5.2.3　掌握常见故障识别判断的能力

5.2.4　掌握塔式起重机吊钩、滑轮和钢丝绳的报废标准

5.2.5　掌握识别起重吊运指挥信号的能力

5.2.6　掌握紧急情况处置技能

附录二　建筑施工特种作业人员安全操作技能考核标准（试行）（摘录）

5. 建筑起重机械司机（塔式起重机）安全操作技能考核标准（试行）

5.1　起吊水箱定点停放（图 5.1、表 5.1）

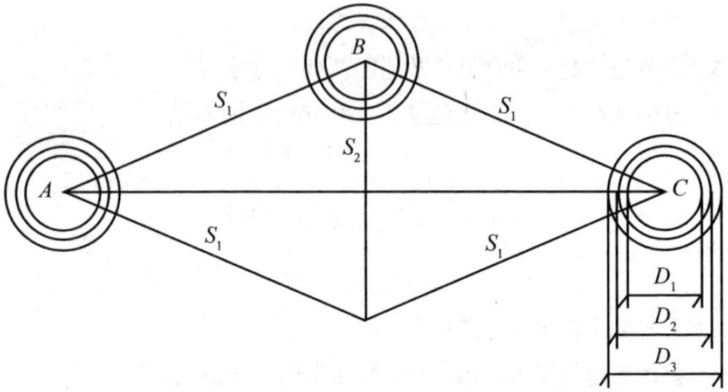

图 5.1

表 5.1　　单位：m

起重机高度	S_1	S_2	D_1	D_2	D_3
20≤H≤30	18	13	1.7	1.9	2.1

5.1.1　考核设备和器具

1. 设备：固定式 QTZ 系列塔式起重机 1 台，起升高度在 20m 以上 30m 以下；

2. 吊物：水箱 1 个。水箱边长 1 000mm×1 000mm×1 000mm，水面距箱口 200mm，吊钩距箱口 1 000mm；

3. 其他器具：起重吊运指挥信号用红、绿色旗 1 套，指挥用哨子 1 只，计时器 1 个；

4. 个人安全防护用品。

5.1.2　考核方法

考生接到指挥信号后，将水箱由 *A* 处吊起，先后放入 *B* 圆、*C* 圆内，再将水箱由 *C* 处吊起，返回放入 *B* 圆、*A* 圆内，最后将水箱由 *A* 处吊起，直接放入 *C* 圆内。水箱由各处吊起时均距地面 4 000mm，每次下降途中准许各停顿两次。

5.1.3　考核时间

4 min。

5.1.4　考核评分标准

满分 40 分。考核评分标准见表 5.1.4。

表 5.1.4　考核评分标准

序号	扣分项目	扣分值
1	送电前，各控制器手柄未放在零位的	5 分
2	作业前，未进行空载运转的	5 分
3	回转、变幅和吊钩升降等动作前，未发出音响信号示意的	5 分/次
4	水箱出内圆（D_1）的	2 分
5	水箱出中圆（D_2）的	4 分
6	水箱出外圆（D_3）的	6 分
7	洒水的	1～3 分/次
8	未按指挥信号操作的	5 分/次

续表

序号	扣分项目	扣分值
9	起重臂和重物下方有人停留、工作或通过，未停止操作的	5分
10	停机时，未将每个控制器拨回零位的，未依次断开各开关的，未关闭操纵室门窗的	5分/项

5.2 起吊水箱绕木杆运行和击落木块（图5.2、表5.2）

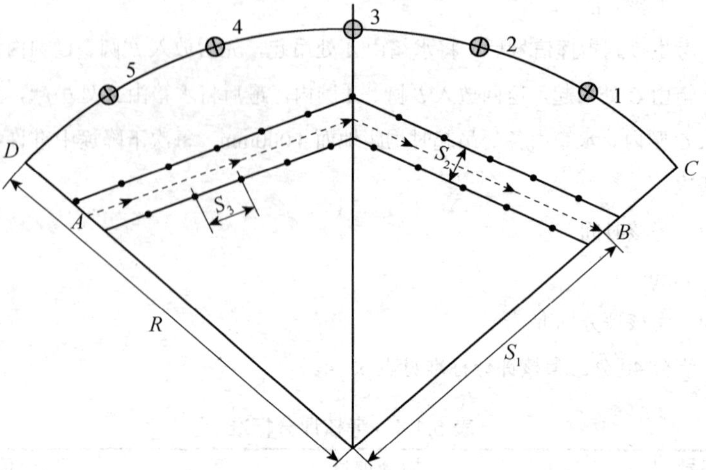

注：• 表示标杆；⊕ 表示旋转木块的立柱；➤➤ 表示运行方向。

图 5.2

表 5.2　　单位：m

起重机高度	R	S_1	S_2	S_3
20≤H≤30	19	15	2.0	2.5

5.2.1　考核设备和器具

1. 设备：固定式 QTZ 系列塔式起重机 1 台，起升高度在 20m 以上 30m

以下；

2. 吊物：水箱 1 个。水箱边长 1 000mm×1 000mm×1 000mm，水面距箱口 200mm，吊钩距箱口 1 000mm；

3. 标杆 23 根，每根高 2 000mm，直径 20～30mm；底座 23 个，每个直径 300mm，厚度 10mm；

4. 立柱 5 根，高度依次为 1 000mm、1 500mm、1 800mm、1 500mm、1 000mm，均匀分布在 *CD* 弧上；立柱顶端分别立着放置 200mm×200mm×300mm 的木块；

5. 其他器具：起重吊运指挥信号用红、绿色旗 1 套，指挥用哨子 1 只，计时器 1 个；

6. 个人安全防护用品。

5.2.2 考核方法

考生接到指挥信号后，将水箱由 *A* 处吊离地面 1 000mm，按图示路线在杆内运行，行至 *B* 处上方，即反向旋转，并用水箱依次将立柱顶端的木块击落，最后将水箱放回 *A* 处。在击落木块的运行途中不准开倒车。

5.2.3 考核时间

4 min。具体可根据实际考核情况调整。

5.2.4 考核评分标准

满分 40 分。考核评分标准见表 5.2.4。

表 5.2.4 考核评分标准

序号	扣分项目	扣分值
1	送电前，各控制器手柄未放在零位的	5 分
2	作业前，未进行空载运转的	5 分
3	回转、变幅和吊钩升降等动作前，未发出音响信号示意的	5 分/次
4	碰杆的	2 分/次
5	碰倒杆的	3 分/次
6	碰立柱的	3 分/次

续表

序号	扣分项目	扣分值
7	未击落木块的	3 分/个
8	未按指挥信号操作的	5 分/次
9	起重臂和重物下方有人停留、工作或通过，未停止操作的	5 分
10	停机时，未将每个控制器拨回零位的，未依次断开各开关的，未关闭操纵室门窗的	5 分/项

5.3 故障识别判断

5.3.1 考核设备和器具

1. 塔式起重机设置安全限位装置失灵、制动器失效等故障或图示、影像资料；

2. 其他器具：计时器 1 个。

5.3.2 考核方法

由考生识别判断安全限位装置失灵、制动器失效等故障或图示、影像资料（对每个考生只设置一种）。

5.3.3 考核时间

10 min。

5.3.4 考核评分标准

满分 5 分。在规定时间内正确识别判断的，得 5 分。

5.4 零部件的判废

5.4.1 考核器具

1. 塔式起重机零部件（吊钩、钢丝绳、滑轮等）实物或图示、影像资料（包括达到报废标准和有缺陷的）；

2. 其他器具：计时器一个。

5.4.2　考核方法

从塔机零部件实物或图示、影像资料中随机抽取 2 件（张），由考生判断其是否达到报废标准并说明原因。

5.4.3　考核时间

5 min。

5.4.4　考核评分标准

满分 5 分。在规定时间内正确判断并说明原因的，每项得 2.5 分；判断正确但不能准确说明原因的，每项得 1.5 分。

5.5　识别起重吊运指挥信号

5.5.1　考核器具

1. 起重吊运指挥信号图示、影像资料等；

2. 其他器具：计时器 1 个。

5.5.2　考核方法

考评人员做 5 种起重吊运指挥信号，由考生判断其代表的含义；或从一组指挥信号图示、影像资料中随机抽取 5 张，由考生回答其代表的含义。

5.5.3　考核时间

5 min。

5.5.4　考核评分标准

满分 5 分。在规定时间内每正确回答一项，得 1 分。

5.6　紧急情况处置

5.6.1　考核器具

1. 设置塔式起重机钢丝绳意外卡住、吊装过程中遇到障碍物等紧急情况或图示、影像资料；

2. 其他器具：计时器 1 个。

5.6.2　考核方法

由考生对钢丝绳意外卡住、吊装过程中遇到障碍物等紧急情况或图示、影像资料中所示的紧急情况进行描述，并口述处置方法。对每个考生设置一种。

5.6.3　考核时间

10 min。

5.6.4　考核评分标准

满分 5 分。在规定时间内对存在的问题描述正确并正确叙述处置方法的，得 5 分；对存在的问题描述正确，但未能正确叙述处置方法的，得 3 分。

附录三 《起重机 钢丝绳 保养、维护、安装、检验和报废》（GB/T 5972—2016）（摘录）

6 报废基准

6.1 总则

当缺少起重机制造商和/或钢丝绳制造商或供货商提供的有关钢丝绳的使用说明时，钢丝绳的报废基准应符合 6.2～6.6 的规定（有关信息参见附录 E）。

由于劣化通常是钢丝绳同一位置不同劣化模式综合作用的结果，主管人员应进行“综合影响”评估，附录 F 提供了一种方法。

只要发现钢丝绳的劣化速度有明显的变化，就应对其原因展开调查，并尽可能地采取纠正措施。情况严重时，主管人员可以决定报废钢丝绳或修正报废基准，例如减少允许可见断丝数量。

在某些情况下，超长钢丝绳中相对较短的区段出现劣化，如果受影响的区段能够按要求移除，并且余下的长度能够满足工作要求，主管人员可以决定不报废整根钢丝绳。

6.2 可见断丝

6.2.1 可见断丝报废基准

不同种类可见断丝的报废基准应符合表2的规定。

表2 可见断丝报废基准

序号	可见断丝的种类	报废基准
1	断丝随机地分布在单层缠绕的钢丝绳经过一个或多个钢制滑轮的区段和进出卷筒的区段，或者多层缠绕的钢丝绳位于交叉重叠区域的区段[a]	单层和平行捻密实钢丝绳见表3，阻旋转钢丝绳见表4
2	在不进出卷筒的钢丝绳区段出现的呈局部聚集状态的断丝	如果局部聚集集中在一个或两个相邻的绳股，即使*6d*长度范围内的断丝数低于表3和表4的规定值，可能也要报废钢丝绳
3	股沟断丝[b]	在一个钢丝绳捻距（大约为6*d*的长度）内出现两个或更多断丝
4	绳端固定装置处的断丝	两个或更多断丝

a 典型实例参见图B.13。
b 典型实例参见图7和图B.14。

6.2.2 表3和表4的使用以及钢丝绳的类别编号

对附录G中的单层钢丝绳或平行捻密实钢丝绳，根据其相应的钢丝绳类别编号（RCN）在表3中读取*6d*和30*d*长度范围内的断丝数报废值。如果附录G中没有对应的钢丝绳结构，按钢丝绳内承载钢丝的总数（不包括填充丝在内的外层绳股的钢丝总数）在表 3 中读取相应的 6*d* 和 30*d* 长度范围内的断丝数报废值。

对附录 G 中的阻旋转钢丝绳，根据其相应的钢丝绳类别编号（RCN）在表 4 中读取 6*d* 和 30*d* 长度范围内的断丝数报废值。如果附录 G 中没有对应的钢丝绳结构，按钢丝绳外层股数和外层股内承载钢丝的总数（不包括填充丝在内的外层绳股的钢丝总数）在表 4 中读取相应的 6*d* 和 30*d* 长度范围内的断丝数报废值。

6.2.3 非工作原因导致的断丝

运输、贮存、装卸、安装、制造等原因可能导致个别钢丝断裂。这种独立的断丝现象不是由工作过程中的劣化（如作为表 3 和表 4 中数值的主要基础的弯曲疲劳）引起的，在检查钢丝绳断丝时通常不将这种断丝计算在内。发现这种断丝应进行记录，可为将来的检验提供帮助。

如果这种断丝的端部从钢丝绳内伸出，可能会导致某些潜在的局部劣化，应将其去除（去除方法见 4.7）。

图 7 弯曲钢丝绳常常会暴露出隐藏在绳股之间股沟内的断丝

6.2.4　单层和平行捻密实钢丝绳

表 3　单层股钢丝绳和平行捻密实钢丝绳中达到报废程度的最少可见断丝数

钢丝绳类别编号 RCN（参见附录G）	外层股中承载钢丝的总数[a] n	可见外部断丝的数量[b]					
		在钢制滑轮上工作和/或单层缠绕在卷筒上的钢丝绳区段（钢丝断裂随机分布）				多层缠绕在卷筒上的钢丝绳区段[c]	
		工作级别 M1～M4 或未知级别[d]				所有工作级别	
		交互捻		同向捻		交互捻和同向捻	
		$6d$[e] 长度范围内	$30d$[e] 长度范围内	$6d$[e] 长度范围内	$30d$[e] 长度范围内	$6d$[e] 长度范围内	$30d$[e] 长度范围内
01	$n \leqslant 50$	2	4	1	2	4	8
02	$51 \leqslant n \leqslant 75$	3	6	2	3	6	12
03	$76 \leqslant n \leqslant 100$	4	8	2	4	8	16
04	$101 \leqslant n \leqslant 120$	5	10	2	5	10	20
05	$121 \leqslant n \leqslant 140$	6	11	3	6	12	22
06	$141 \leqslant n \leqslant 160$	6	13	3	6	12	26
07	$161 \leqslant n \leqslant 180$	7	14	4	7	14	28
08	$181 \leqslant n \leqslant 200$	8	16	4	8	16	32
09	$201 \leqslant n \leqslant 220$	9	18	4	9	18	36

续表

钢丝绳类别编号 RCN（参见附录G）	外层股中承载钢丝的总数[a] n	可见外部断丝的数量[b]					
		在钢制滑轮上工作和/或单层缠绕在卷筒上的钢丝绳区段（钢丝断裂随机分布）				多层缠绕在卷筒上的钢丝绳区段[c]	
		工作级别 M1～M4 或未知级别[d]				所有工作级别	
		交互捻		同向捻		交互捻和同向捻	
		$6d$[e] 长度范围内	$30d$[e] 长度范围内	$6d$[e] 长度范围内	$30d$[e] 长度范围内	$6d$[e] 长度范围内	$30d$[e] 长度范围内
10	$221 \leqslant n \leqslant 240$	10	19	5	10	20	38
11	$241 \leqslant n \leqslant 260$	10	21	5	10	20	42
12	$261 \leqslant n \leqslant 280$	11	22	6	11	22	44
13	$281 \leqslant n \leqslant 300$	12	24	6	12	24	48
	$n > 300$	$0.04n$	$0.08n$	$0.02n$	$0.04n$	$0.04n$	$0.16n$

注：对于外股为西鲁式结构且每股的钢丝数≤19 的钢丝绳（例如 6×19 Seale），在表中的取值位置为其“外层股中承载钢丝总数”所在行之上的第二行。

a 在本标准中，填充钢丝不作为承载钢丝，因而不包括在 n 值之中。

b 一根断丝有两个断头（按一根断丝计数）。

c 这些数值适用于交叉重叠区域和由于钢丝绳偏角影响的缠绕绳圈之间干涉引起的劣化（不适用于只在滑轮上工作而不在卷筒上缠绕的区段）。

d 机构的工作级别为 M5～M8 时，断丝数可取表中数值的两倍。

e d——钢丝绳公称直径。

6.2.5　阻旋转钢丝绳

表 4　阻旋转钢丝绳中达到报废程度的最少可见断丝数

钢丝绳类别编号 RCN（参见附录 G）	钢丝绳外层股数和外 层股中承载钢丝总数[a] n	可见断丝数量[b]			
		在钢制滑轮上工作和/单层缠绕在卷筒上的钢丝绳区段		多层缠绕在卷筒上的钢丝绳区段[c]	
		$6d$[d]长度范围内	$30d$[d]长度范围内	$6d$[d]长度范围内	$30d$[d]长度范围内
21	4 股 $n \geqslant 100$	2	4	2	4
22	3 股或 4 股 $n \geqslant 100$	2	4	4	8
	至少 11 个外层股				
23—1	$71 \leqslant n \leqslant 100$	2	4	4	8
23—2	$101 \leqslant n \leqslant 120$	3	5	5	10
23—3	$121 \leqslant n \leqslant 140$	3	5	6	11
24	$141 \leqslant n \leqslant 160$	3	6	6	13
25	$161 \leqslant n \leqslant 180$	4	7	7	14
26	$181 \leqslant n \leqslant 200$	4	8	8	16
27	$201 \leqslant n \leqslant 220$	4	9	9	18
28	$221 \leqslant n \leqslant 240$	5	10	10	19
29	$241 \leqslant n \leqslant 260$	5	10	10	21
30	$261 \leqslant n \leqslant 280$	6	11	11	22
31	$281 \leqslant n \leqslant 300$	6	12	12	24
	$n > 300$	6	12	12	24

注：对于外股为西鲁式结构且每股的钢丝数≤19 的钢丝绳（例如 18×19 Seale-WSC），在表中的取值位置为其“外层股中承载钢丝总数”所在行之上的第二行。

a　在本标准中，填充钢丝不作为承载钢丝，因而不包括在 n 值之中。

b　一根断丝有两个断头（按一根断丝计数）。

c　这些数值适用于交叉重叠区域和由于钢丝绳偏角影响的缠绕绳圈之间干涉引起的劣化（不适用于只在滑轮上工作而不在卷筒上缠绕的区段）。

d　d——钢丝绳公称直径。

6.3 钢丝绳直径的减小

6.3.1 沿钢丝绳长度等值减小

在卷筒上单层缠绕和/或经过钢制滑轮的钢丝绳区段，直径等值减小的报废基准值见表 5。这些数值不适用于交叉重叠区域或其他由于多层缠绕导致类似变形的区段。

计算减小量的参考直径是钢丝绳的非工作区段在钢丝绳开始使用后立即测量的直径。直径减小量的计算方法及其与公称直径百分比的表示应按 6.3.2 的规定。

表 5 给出了直径等值减小的等效值，用钢丝绳公称直径的百分比表示，将严重程度分级以 20%为单位增量来表示（即 20%、40%、60%、80%、100%）。也可以选择其他的严重程度分级方法，如用 25%作为单位增量（即 25%、50%、75%、100%）。

表 5 直径等值减小的报废基准——单层缠绕卷筒和钢制滑轮上的钢丝绳

钢丝绳类型	直径的等值减小量 Q（用公称直径的百分比表示）	严重程度分级	
		程度	%
纤维芯单层股钢丝绳	$Q<6\%$	—	0
	$6\%\leqslant Q<7\%$	轻度	20
	$7\%\leqslant Q<8\%$	中度	40
	$8\%\leqslant Q<9\%$	重度	60
	$9\%\leqslant Q<10\%$	严重	80
	$Q\geqslant 10\%$	报废	100
钢芯单层股钢丝绳或平行捻密实钢丝绳	$Q<3.5\%$	—	0
	$3.5\%\leqslant Q<4.5\%$	轻度	20
	$4.5\%\leqslant Q<S.5\%$	中度	40
	$5.5\%\leqslant Q<6.5\%$	重度	60
	$6.5\%\leqslant Q<7.5\%$	严重	80
	$Q\geqslant 7.5\%$	报废	100

续表

钢丝绳类型	直径的等值减小量 Q（用公称直径的百分比表示）	严重程度分级	
		程度	%
阻旋转钢丝绳	$Q<1\%$	—	0
	$1\%\leqslant Q<2\%$	轻度	20
	$2\%\leqslant Q<3\%$	中度	40
	$3\%\leqslant Q<4\%$	重度	60
	$4\%\leqslant Q<5\%$	严重	80
	$Q\geqslant 5\%$	报废	100

6.3.2 确定直径等值减小量及将其表示为公称直径百分比的计算

用公称直径百分比表示的直径等值减小，用式（1）计算：

$$Q=[(d_{ref}-d_m)/d]\times 100\% \quad (1)$$

式中：d_{ref}——参考直径；

d_m——实测直径；

d——公称直径。

示例 1：直径为 40mm 的 6×36-IWRC 钢丝绳，参考直径为 41.2mm，检测时的实测直径为 39.5mm，直径减小百分比为：

$$[(41.2-39.5)/40]\times 100\%=4.25\%$$

注 1：从表 5 中查得，与其对应的，因直径等值减小而趋于报废的严重程度分级为 20%（轻度）。

注 2：当钢丝绳从参考直径减小公称直径的 7.5%即 3mm 时，就达到报废基准。此时的报废直径为 38.2mm。

示例 2：同样的钢丝绳，检测时的实测直径为 38.5mm，直径减小百分比为：

$$[(41.2-38.5)/40]\times 100\%=6.75\%$$

注 3：从表 5 中查得，严重程度分级为 80%（严重）。

6.3.3 局部减小

如果发现直径有明显的局部减小，如由绳芯或钢丝绳中心区损伤导致的直径局部减小，应报废该钢丝绳（如与绳股凹陷有关的直径减小，参见图B.3）。

6.4 断股

如果钢丝绳发生整股断裂，则应立即报废。

6.5 腐蚀

报废基准和腐蚀严重程度分级见表6。

评估腐蚀范围时，重要的是区分钢丝腐蚀和由于外来颗粒氧化而产生的钢丝绳表面腐蚀之间的差异。

在评估前，应将钢丝绳的拟检测区段擦净或刷净，但不宜使用溶剂清洗。

表6 腐蚀报废基准和严重程度分级

腐蚀类型	状态	严重程度分级
外部腐蚀[a]	表面存在氧化迹象，但能够擦净	浅表——0%
	钢丝表面手感粗糙	重度——60%[c]
	钢丝表面重度凹痕以及钢丝松弛[b]	报废——100%
内部腐蚀[d]	内部腐蚀的明显可见迹象——腐蚀碎屑从外绳股之间的股沟溢出[e]	报废——100% 或 如果主管人员认为可行，则按附录C所给的步骤进行内部检验

续表

腐蚀类型	状态	严重程度分级
摩擦腐蚀	摩擦腐蚀过程为：干燥钢丝和绳股之间的持续摩擦产生钢质微粒的移动，然后是氧化，并产生形态为干粉（类似红铁粉）状的内部腐蚀碎屑	对此类迹象特征宜作进一步探查，若仍对其严重性存在怀疑，宜将钢丝绳报废（100%）

a　实例参见图 B.11 和图 B.12。钢丝绳外部腐蚀进程的实例，参见附录 H。
b　对其他中间状态，宜对其严重程度分级做出评估（即在综合影响中所起的作用）。
c　镀铸钢丝的氧化也会导致钢丝表面手感粗糙，但是总体状况可能不如非镀锌钢丝严重。在这种情况下，检验人员可以考虑将表中所给严重程度分级降低一级作为其在综合影响中所起的作用。
d　实例参见图 B.19。
e　虽然对内部腐蚀的评估是主观的，但如果对内部腐蚀的严重程度有怀疑，就宜将钢丝绳报废。

注：内部腐蚀或摩擦腐蚀能够导致直径增大。

6.6　畸形和损伤

6.6.1　总则

钢丝绳失去正常形状而产生的可见形状畸变都属于畸形。畸形通常发生在局部，会导致畸形区域的钢丝绳内部应力分布不均匀。

畸形和损伤会以多种方式表现出来，在 6.6.2～6.6.10 中给出了较常见的几种类型的报废基准。

只要钢丝绳的自身状态被认为是危险的，就应立即报废。

6.6.2　波浪形

在任何条件下，只要出现以下情况之一，钢丝绳就应报废（见图 8）：

a）在从未经过、绕进滑轮或缠绕在卷筒上的钢丝绳直线区段上，直尺和螺旋面下侧之间的间隙 $g \geq 1/3 \times d$；

b）在经过滑轮或缠绕在卷筒上的钢丝绳区段上，直尺和螺旋面下侧之间

的间隙 $g \geqslant 1/10 \times d$。

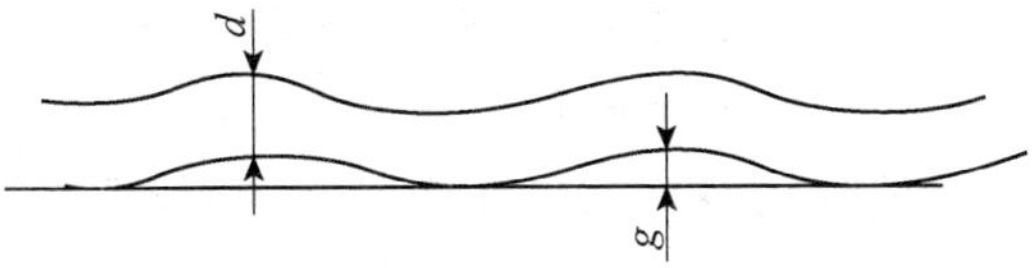

说明：d——钢丝绳公称直径；

g——间隙。

图 8 波浪形钢丝绳

注：波浪形钢丝绳的实例参见图 B.8。

6.6.3 笼状畸形

出现篮形或灯笼状畸形（参见图 B.9）的钢丝绳应立即报废，或者将受影响的区段去掉，但应保证余下的钢丝绳能够满足使用要求。

6.6.4 绳芯或绳股突出或扭曲

发生绳芯或绳股突出（参见图 B.2、图 B.4）的钢丝绳应立即报废，或者将受影响的区段去掉，但应保证余下的钢丝绳能够满足使用要求。

注：这是篮形或灯笼状畸形的一种特殊类型，其表征为绳芯或钢丝绳外层股之间中心部分的突出，或者外层股或股芯的突出。

6.6.5 钢丝的环状突出

钢丝突出通常成组出现在钢丝绳与滑轮槽接触面的背面，发生钢丝突出的钢丝绳应立即报废（参见图 B.1）。

注：钢丝绳外层股之间突出的单根绳芯钢丝，如果能够除掉或在工作时不会影响钢丝绳的其他部分，可以不必将其作为报废钢丝绳的理由。

6.6.6 绳径局部增大

钢芯钢丝绳直径增大 5%及以上，纤维芯钢丝绳直径增大 10%及以上，应查明其原因并考虑报废钢丝绳（参见图 B.16）。

注：钢丝绳直径增大可能会影响到相当长的一段钢丝绳，例如纤维绳芯吸收了过多的潮气膨胀引起的直径增大，会使外层绳股受力不均衡而不能保持正确的旋向。

6.6.7　局部扁平

钢丝绳的扁平区段经过滑轮时，可能会加速劣化并出现断丝。此时，不必根据扁平程度就可考虑报废钢丝绳。

在标准索具中的钢丝绳扁平区段可能会比正常绳段遭受更大程度的腐蚀，尤其是当外层绳股散开使湿气进入时。如果继续使用，就应对其进行更频繁的检查，否则宜考虑报废钢丝绳。

由于多层缠绕而导致钢丝绳的局部扁平，如果伴随扁平出现的断丝数不超过表 3 和表 4 规定的数值，可不报废。

图 B.5 和图 B.18 是两种不同的扁平类型。

6.6.8　扭结

发生扭结的钢丝绳应立即报废（参见图 B.6、图 B.7、图 B.17）。

注：扭结是一段环状钢丝绳在不能绕其自身轴线旋转的状态下被拉紧而产生的一种畸形。扭结使钢丝绳捻距不均导致过度磨损，严重的扭曲会使钢丝绳强度大幅降低。

6.6.9　折弯

折弯严重的钢丝绳区段经过滑轮时可能会很快劣化并出现断丝，应立即报废钢丝绳。

如果折弯程度并不严重，钢丝绳需要继续使用时，应对其进行更频繁的检查，否则宜考虑报废钢丝绳。

注：折弯是钢丝绳由外部原因导致的一种角度畸形。

通过主观判断确定钢丝绳的折弯程度是否严重。如果在折弯部位的底面伴随有折痕，无论其是否经过滑轮，均宜看作是严重折弯。

6.6.10　热和电弧引起的损伤

通常在常温下工作的钢丝绳，受到异常高温的影响，外观能够看出钢丝被加热过后颜色的变化或钢丝绳上润滑脂的异常消失，应立即报废。

如果钢丝绳的两根或更多的钢丝局部受到电弧影响（例如焊接引线不正确的接地所导致的电弧），应报废。这种情况会出现在钢丝绳上的电流进出点上。

附录A
（资料性附录）
需要特别严格检查的关键部位

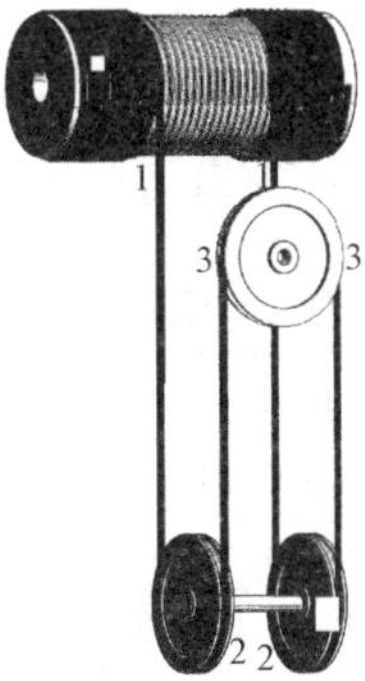

说明：
1——载荷吊起时缠绕在卷筒上的区段和其他发生最严重干涉的区段（通常与钢丝绳最大偏角同时出现）；
2——载荷吊起时钢丝绳进入滑轮组的区段；
3——直接与平衡滑轮接触的区段，特别是在进入点处。

图 A.1 单层缠绕

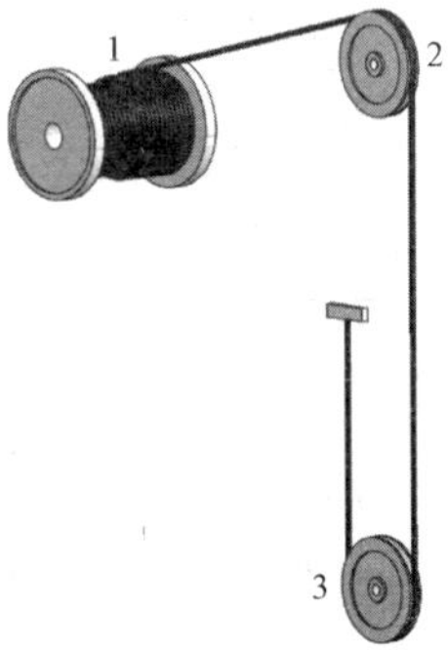

说明：
1——交叉重叠区和发生最严重干涉的区段（通常与钢丝绳最大偏角同时出现）；
2——载荷吊起时钢丝绳进入顶部滑轮的区段；
3——载荷吊起时钢丝绳进入下部滑轮组的区段。

图 A.2 多层缠绕

附录 B
（资料性附录）
典型的劣化模式

表 B.1 列出了钢丝绳可能出现的缺陷及其相应的报废基准。图 B.1～图 B.19 给出了各种缺陷的典型实例。

表 B.1 钢丝绳缺陷

图	缺陷	对应章条
B.1	钢丝突出	6.6.5
B.2	绳芯突出——单层钢丝绳	6.6.4
B.3	钢丝绳直径局部减小（绳股凹陷）	6.3
B.4	绳股突出或扭曲	6.6.4
B.5	局部扁平	6.6.7
B.6	扭结（正向）	6.6.8
B.7	扭结（反向）	6.6.8
B.8	波浪形	6.6.2
B.9	笼状畸形	6.6.3
B.10	外部磨损	5.3.1、表 1 和 E.2
B.11	外部腐蚀	6.5
B.12	图 B.11 的局部放大	6.5
B.13	股顶断丝	6.2
B.14	股沟断丝	6.2
B.15	阻旋转钢丝绳的内绳突出	E.4 c)
B.16	绳芯扭曲引起的钢丝绳直径局部增大	6.6.6
B.17	扭结	6.6.8
B.18	局部扁平	6.6.7
B.19	内部腐蚀	6.5

图 B.1 钢丝突出

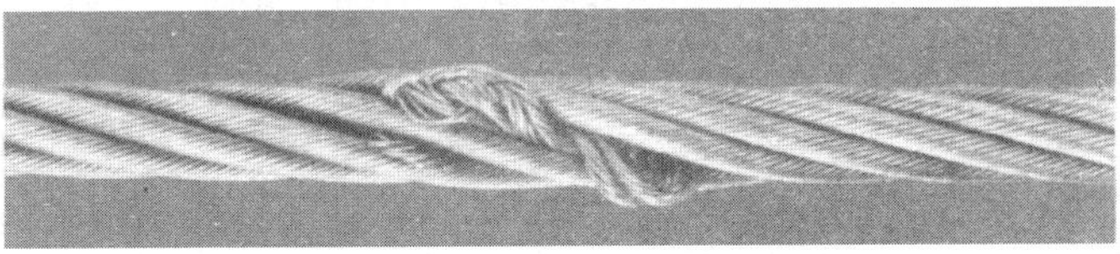

图 B.2 绳芯突出——单层钢丝绳

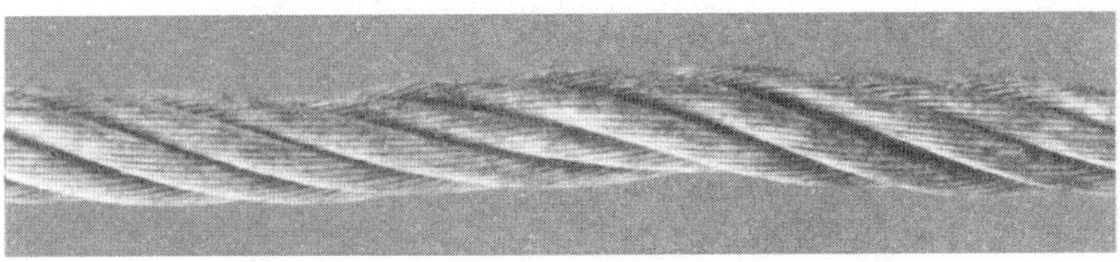

图 B.3 钢丝绳直径局部减小(绳股凹陷)

图 B.4 绳股突出或扭曲

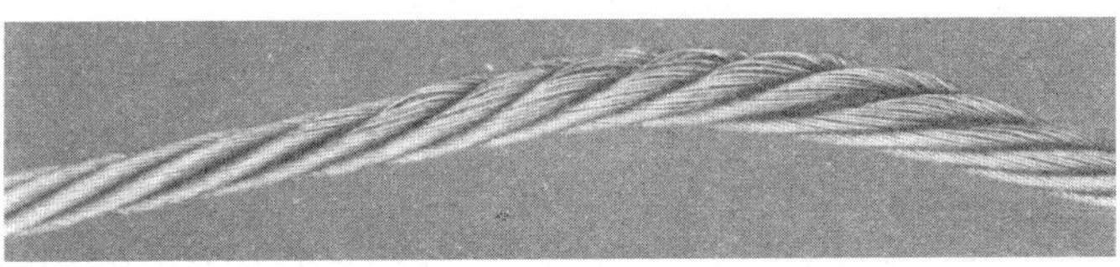

图 B.5 局部扁平

图 B.6 扭结(正向)

图 B.7　扭结（反向）

图 B.8　波浪形

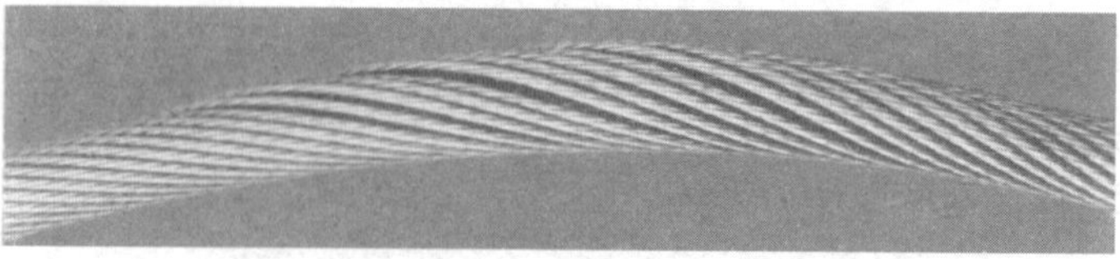

图 B.9　笼状畸形

图 B.10　外部磨损

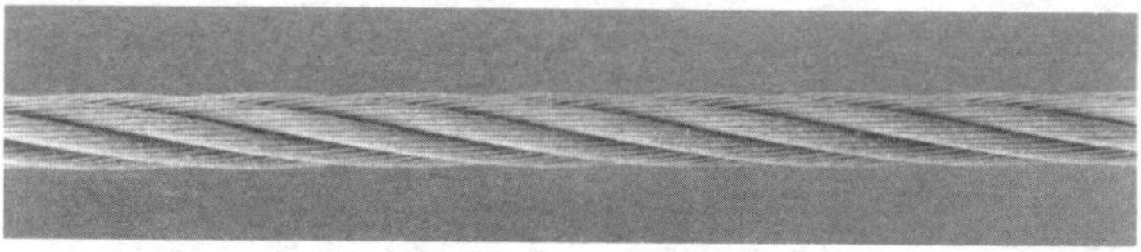

图 B.11　外部腐蚀

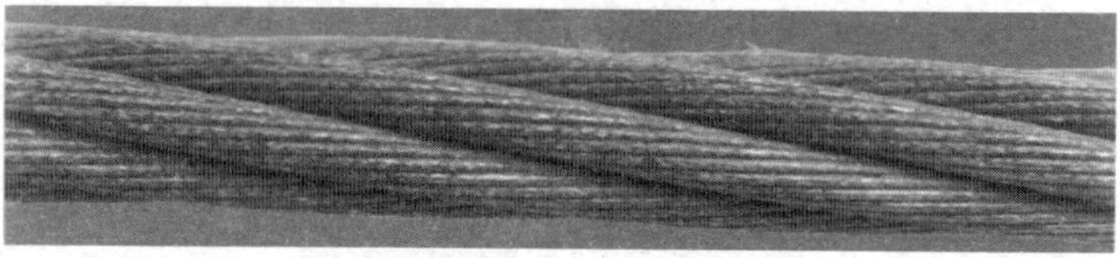

图 B.12　图 B.11 的局部放大

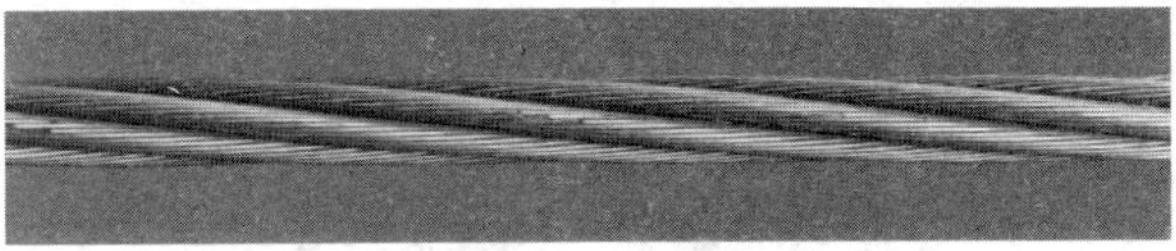

图 B.13 股顶断丝

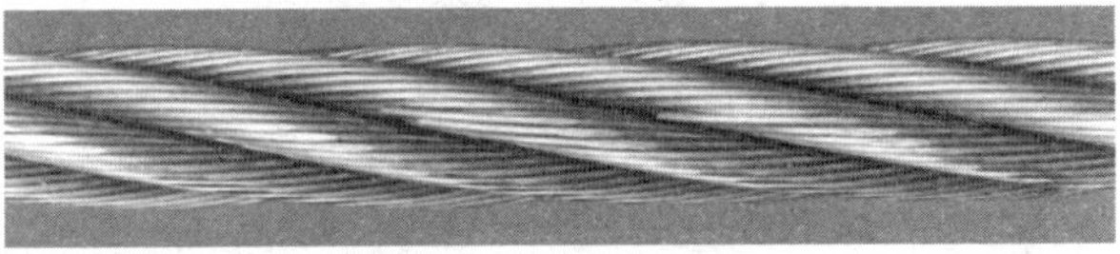

图 B.14 股沟断丝

图 B.15 阻旋转钢丝绳的内绳突出

图 B.16 绳芯扭曲引起的钢丝绳直径局部增大

图 B.17 扭结

图 B.18 局部扁平

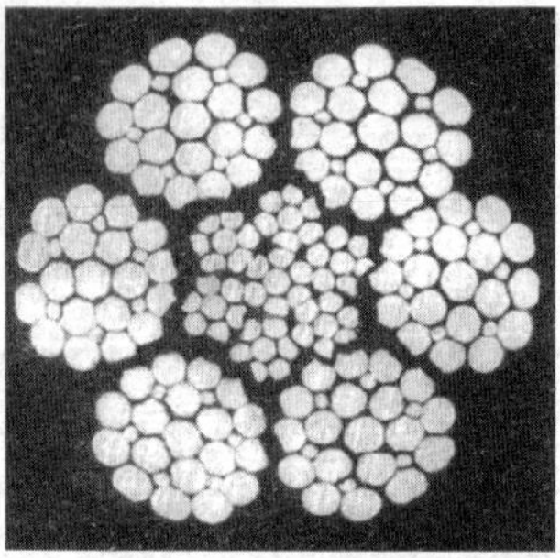

图 B.19　内部腐蚀

附录四　塔式起重机常见安全隐患图集

一、塔式起重机结构件常见隐患

起重臂腹杆变形（1）

起重臂腹杆变形（2）

起重臂腹杆变形（3）

起重臂上弦杆变形（1）

起重臂上弦杆变形（2）

标准节腹杆变形

爬升架导向变形

安全平台变形

标准节腹杆焊缝开裂（1）

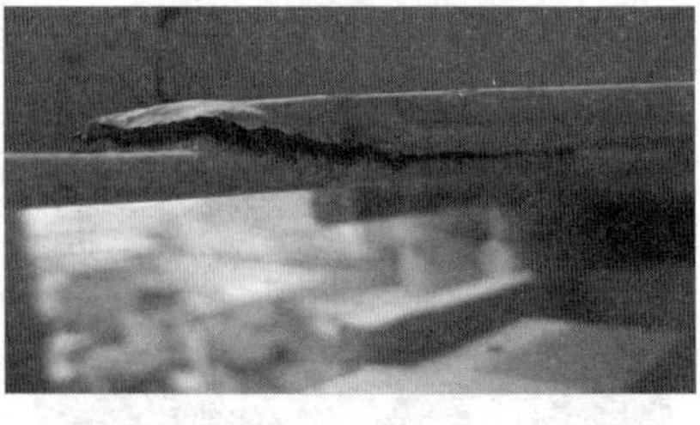

标准节腹杆焊缝开裂（2）

标准节腹杆焊缝开裂（3）

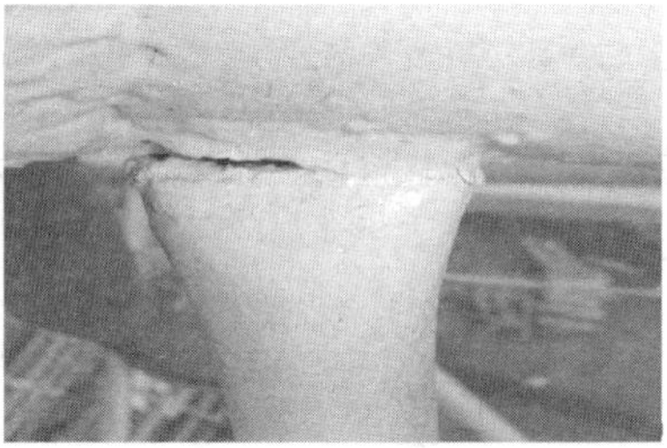

起重臂腹杆焊缝开裂（1）

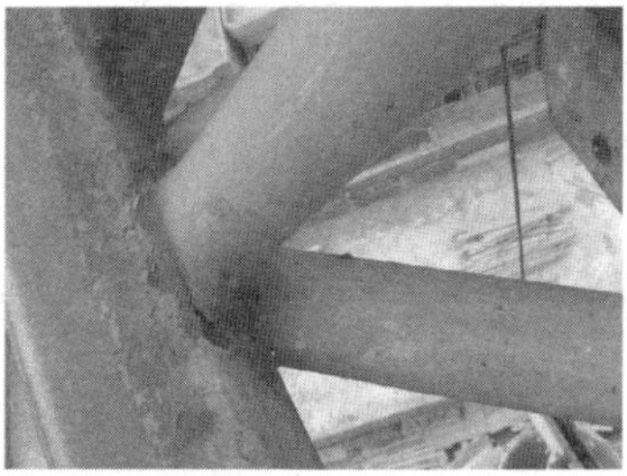

起重臂腹杆焊缝开裂（2）

回转塔身斜腹杆焊缝开裂

小车吊篮严重锈蚀

标准节水平腹杆严重锈蚀

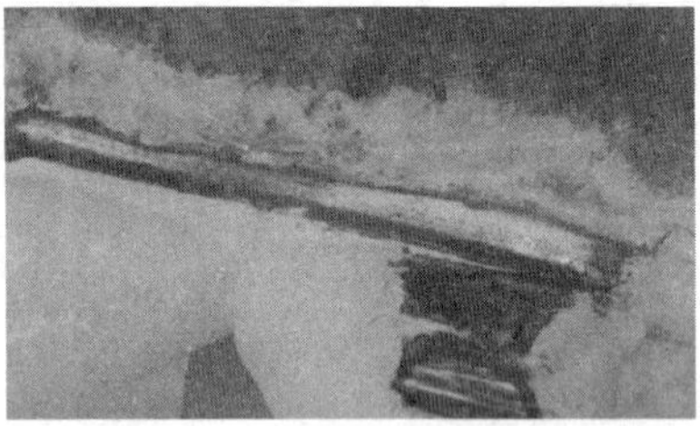

起重臂斜腹杆磨损（1）

起重臂斜腹杆磨损（2）

基础积水

底架撑杆缺销轴

二、塔式起重机销轴常见隐患

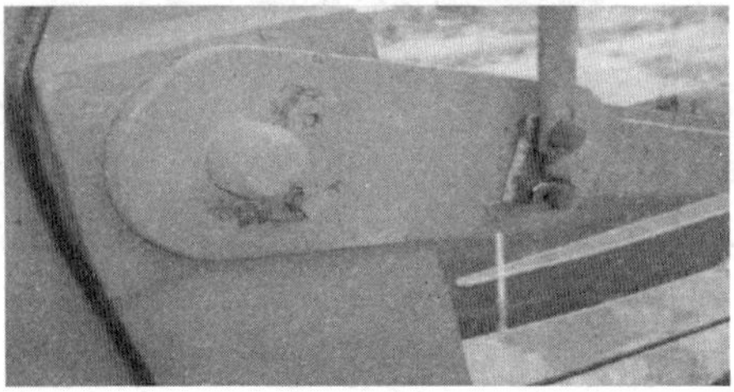

销轴卡板失效

销轴卡板缺失

销轴卡板螺栓缺失（1）

销轴卡板螺栓缺失（2）

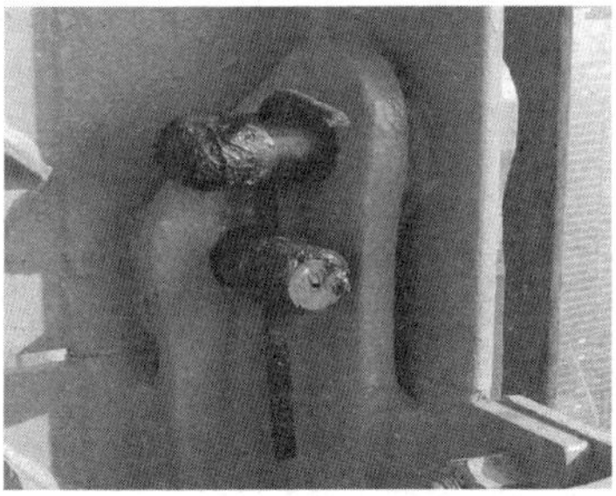

用钢筋代替安全销（1）

用螺栓代替安全销（2）

开口销安装不规范（1）

开口销安装不规范（2）

用铁丝代替开口销

开口销安装错误

用钢筋代替开口销（1）

用钢筋代替开口销（2）

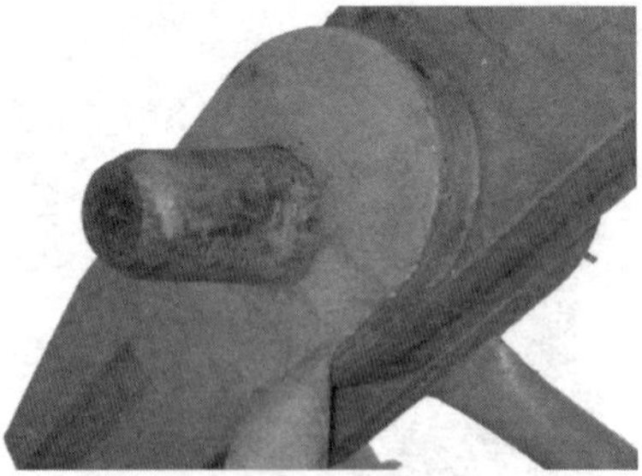

销轴开口销缺失

销轴未装开口销

开口销未打开

三、塔式起重机螺栓常见隐患

标准节螺栓松动（1）

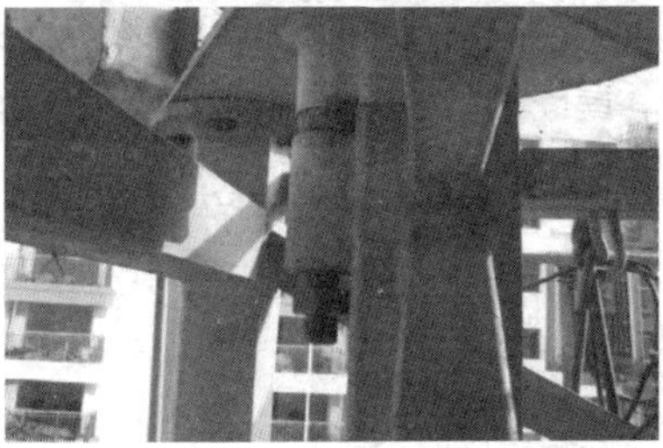

标准节螺栓松动（2）

爬升架、下支座连接螺栓松动

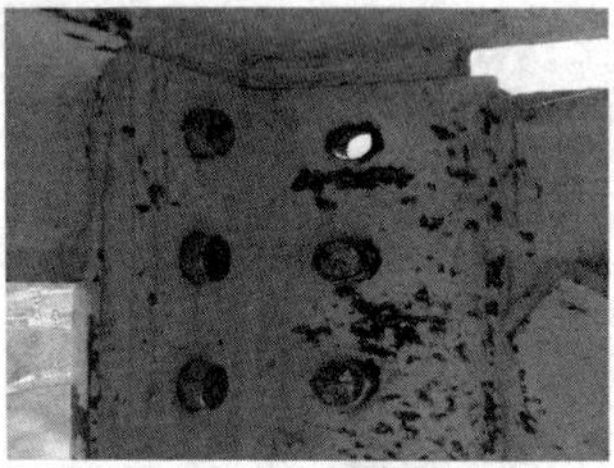

片式标准节螺栓缺失

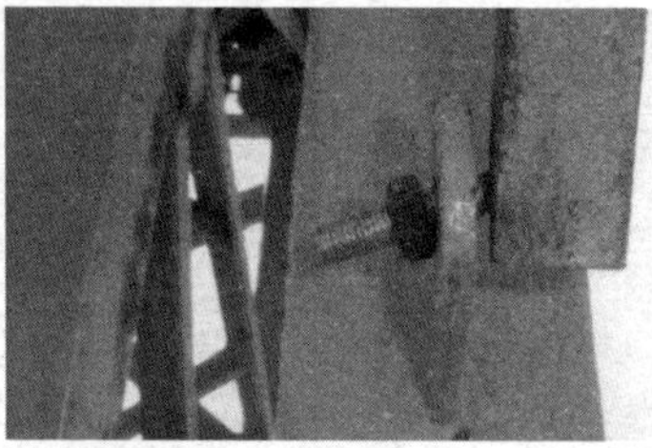

平台撑杆螺栓安装不规范

高强度螺栓焊接

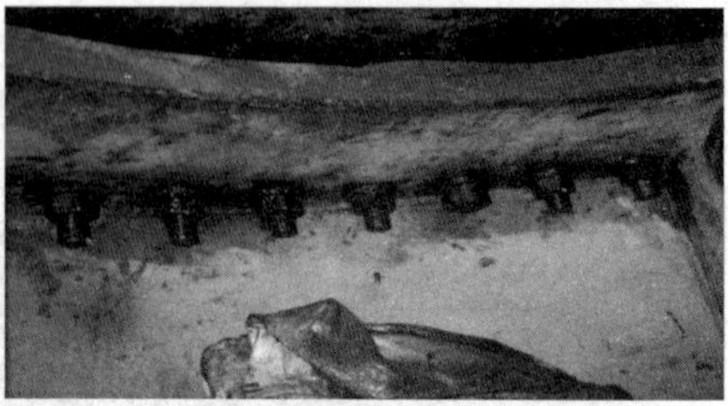

回转支承螺栓安装错误

基础螺栓松动

附着架螺栓缺失

附着架螺栓松动

四、附着架常见安全隐患

擅自改造附着架（1）

擅自改造附着架（2）

擅自改造附着架（3）

擅自改造附着架（4）

擅自改造附着架（5）

附着架安装不正确

附着架与被附建筑焊接连接

附着框安装错误

销轴安装不正确

五、安全装置常见隐患

小车断绳保护装置失效（1）

小车断绳保护装置失效（2）

小车断绳保护装置变形

小车断绳保护装置缺失

小车防坠装置失效

用钢筋代替小车防坠装置

力矩限制器失效（1）

力矩限制器失效（2）

力矩限制器微动开关移位（1）

力矩限制器微动开关移位（2）

力矩限制器无接线

起重量限制器损坏

起重量限制器微动开关缺失

起重量限制器微动开关移位

变幅限制器失效

变幅限制器固定不规范

限制器未接线

回转限制器无小齿轮（1）

回转限制器无小齿轮（2）

限制器小齿轮未啮合

六、钢丝绳、滑轮、吊钩等常见安全隐患

吊钩危险截面严重磨损

滑轮轮缘破损（1）

滑轮轮缘破损（2）

滑轮轮缘破损（3）

滑轮轴承脱出（1）

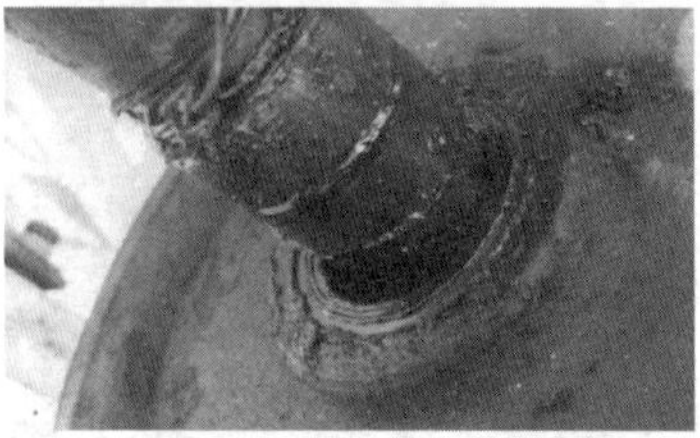

滑轮轴承脱出（2）

滑轮销轴磨损

托轮磨损

滑轮缺少防跳绳装置（1）

滑轮缺少防跳绳装置（2）

七、其他安全隐患

用钢筋代替配重块支撑销

配重块安装位置错误

自行增加配重块

滑轮缺少防跳绳装置（3）

钢丝绳安装不正确

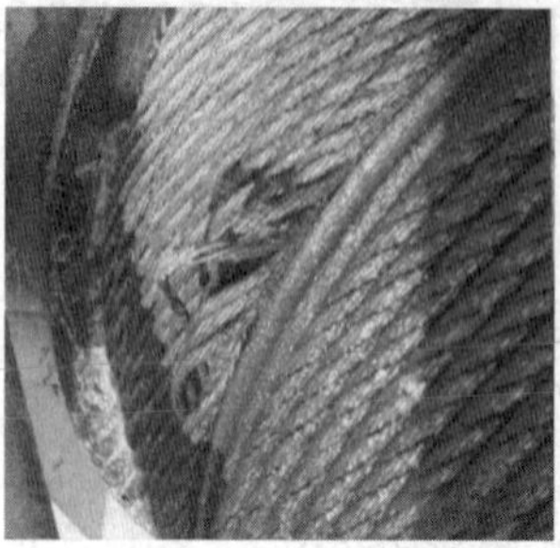

笼状畸变

绳股挤出

断股

笼状畸变